잃어버린
수학을
찾아서 ❶

수학은
짝짓기에서
탄생하였다

0에서 무한까지

잃어버린 수학을 찾아서 ①
수학은 짝짓기에서 탄생하였다

2017년 5월 20일 초판 1쇄 찍음
2017년 5월 30일 초판 1쇄 펴냄

지은이   박영훈
디자인   노성일 designer.noh@gmail.com
펴낸이   이상
펴낸곳   가갸날
주 소   10386 경기도 고양시 일산서구 강선로 49 BYC 402호
전 화   070 8806 4062
팩 스   0303-3443-4062
이메일   gagyapub@naver.com
블로그   blog.naver.com/gagyapub
페이지   www.facebook.com/gagyapub

ISBN   979-11-87949-04-6 04410
          979-11-87949-03-9 04410 (세트)

이 도서의 국립중앙도서관 출판예정도서목록(CIP)은 서지정보유통지원시스템 홈페이지
(http://seoji.nl.go.kr)와 국가자료공동목록시스템(http://www.nl.go.kr/kolisnet)에서
이용하실 수 있습니다. (CIP제어번호 : CIP2017009654)

잃어버린
수학을
찾아서 ❶

수학은
짝짓기에서
탄생하였다

0에서 무한까지

박영훈 지음

가갸날

잃어버린 수학을 찾아서

　　12년 동안 수학을 배운다. 그렇게 긴 시간과 많은 노력을 들여 고생했건만, 그 내용이 실제 수학이라는 학문의 본질과는 거리가 멀다는 사실을 깨닫게 된다면 정말 허탈할 것이다. 하지만 사실이다. 일반인에게는 잘 알려져 있지 않지만, 대학의 수학과에서도 적지 않은 수포자가 나온다. 그들은 고등학교 때까지 수학을 잘한다고 부러움을 사던 학생들이다. 학문으로서의 수학이 그전까지 배운 수학과 너무 달라서 끝내 좌절하고 만 것이다.

　　문제는 학교 수학에 있다. 학교에서 가르치고 배우는 수학 지식의 대부분은 2천년 이전의 것으로 고리타분 그 자체이다. 새로운 내용은 미적분과 확률 정도인데, 그마저도 3,4백 년 전의 것이다. 음악으로 치면 고대 바빌로니아의 음악이나 기껏 비발디나 헨델 시대의 바로크 음악에 머무는 셈이다. 모차르트나 베토벤의 음악조차 만나지 못하는 것과 진배없다.

반드시 새로운 것을 가르쳐야 한다고 주장하는 것은 아니다. 비발디의 〈사계〉나 헨델의 〈오라토리오〉가 여전히 고전이듯이, 유클리드의 기하학과 8,9세기 아랍에서 유래한 대수학은 오늘날에도 유용하다. 문제는 이들 옛날 수학의 대부분이 회계나 토지 측량 같은 실용적인 필요에 의해 탄생했다는 점이다. 그래서 '이렇게 저렇게 따라 하면 답을 구할 수 있다'는 마치 요리책에 담긴 레시피를 알려주는 수준에 불과하다.

냉정하게 말하면 오늘의 학교 수학은 여전히 요리책 수준에 머물러 있다. 그러니 사람들이 수학 학습을 요리 레시피를 익히는 것쯤으로 인식하는 것은 지극히 당연하다. '이 공식에 대입하여 이렇게 식을 조작하면 답이 나온다'는 기계적인 문제 풀이를 수학이라고 생각하는 것이다. 그 결과 많은 시간을 들여 수학을 공부했건만 정작 수학이 무엇인지는 알지 못한다. 분수 계산은 할 수 있어도 분수가 유리수와 어떻게 다른지, 삼각형의 세 가지 합동조건은 줄줄 암송해도 그 의미가 무엇인지는 모른다. 나는 이를 '내비게이션 수학'이라고 규정한다. 내비게이션의 지시대로 운전해 정확하게 목적지에 도착했건만, 정작 어떤 길을 따라 운전했는지 알지 못하는 것과 같다.

물론 수학은 문제를 해결하는 학문이다. 표준적인 풀이 방식의 습득은 필요하다. 적용할 공식이나 따라야 할 절차를 찾아보는 것도 필요하다. 하지만 거기에 그쳐서는 안된다. 실제 수학 문제는 숫자를 대입하면 되는 공식이나 풀이가 유사한 문제를 찾아서 해결할 수 없는 경우가 더 많다.

문제가 무엇인지를 생각하는 것, 그것이 답이다. 누군가가 분류해놓은 문제의 유형에 주목하기보다는, 문제가 말하는 것이 무엇인지를 제대로 파악하고 생각해야 한다. 수학 지식의 의미를 파고드는 '수학적 사고'야말로 수학의 본질이고 핵심이다.

이제는 내비게이션 수학에서 탈피해야 할 때다. 내비게이션이 지시하는 대로 따라가다가 무심코 지나쳤던 길이 어떤 길이었는지 되돌아볼 수 있어야 한다. 도중에 왜 마을이 들어섰는지도 잠시 살피고, 전망 좋은 곳에 들러 멋진 경치를 감상하는 여유도 만끽하자.

'잃어버린 수학을 찾아서' 시리즈는 초등학교에 갓 입학하며 배우는 아라비아 숫자와 간단한 곱셈구구에서부터 미적분과 확률에 이르는 수학의 궤적을 새로운 패러다임으로 되짚어가는 야심 찬 기획물이다. 수학의 넓은 대지를 문명사적으로 종횡으로 누비며 수학의 본령에 다가가는 이 같은 시도는 국내에서는 물론 처음이거니와 해외에서도 사례를 찾기 어려울 것이다. 이 시리즈가 더 나은 가르침을 주고 싶은 교사들과 교과서 너머의 지식에 목말라 하는 학생들, 그리고 삶의 여정 속에서 수학 지식의 유용함을 믿는 신실한 이들에게 귀한 자양분이 되었으면 좋겠다. 부디 비틀스의 음악에서 베토벤의 선율을 발견할 수 있기를!

책머리에

0, 1, 2, 3, 4 … 아라비아 숫자는 우리가 태어나서 최초로 배우는 수학 기호이다. 숫자는 어떻게 탄생하였을까? 수와 숫자는 어떤 차이가 있을까? 이 책은 이런 질문에 답을 구하는 내용이다.

짝짓기라는 단순한 행위가 수 개념을 낳고, 마침내 아라비아 숫자의 탄생으로 이어졌다. 더욱 놀라운 것은 19세기에 인류가 무한을 헤아리게 된 원동력도 다름 아닌 이 짝짓기였다는 사실이다.

인간의 수 감각은 동물의 수 감각과 비교할 때 그리 뛰어나지 않다. 그런데도 거대한 도약을 통해 빛나는 문명을 일굴 수 있었던 것은 무엇 때문일까? 그 주춧돌의 하나가 바로 숫자였다. 숫자를 토대로 형성된 수 세기 능력이 인류를 문명사회로 이끈 드라마틱한 과정을 이 책에서 만나게 될 것이다.

이어지는 내용은 아라비아 숫자의 정치학이다. 우리가 일상적으로 아라비아 숫자를 사용하게 되기까지 동서양의 얽히고설킨 역사를 문명사적으로 반추해본다. 누구나 재미 있게 술술 읽을 수 있는 내용이다.

하지만 자연수에 대한 내용은 힘겨운 도전을 각오해야 할 것 같다. 특히 수학적 기호로 이루어진 페아노 공리는 매우 건조하고 딱딱하다. 쉽게 풀이하려 노력하였지만 넘기 어려운 장벽으로 느끼는 사람이 꽤 될 것이다. 설령 내용을 완벽히 이해하지 못하였다 하더라도 실망할 것은 없다. 수학이라는 학문의 실체를 실감하는 것만으로도 가치가 있기 때문이다.

고등학생이라면 '수학적 귀납법'에 중점을 둘 것을 권하고 싶다. 교과서나 참고서에서는 찾아보기 어려운 설명이 사고의 폭을 확장시켜줄 것이다. 그리하여 귀납이라는 이름에도 불구하고 연역적 추론의 한 형태라는 점을 파악할 수 있다면, 고등학교 수학의 진면목을 이해하는 데 큰 도움이 될 것이다.

마지막 에필로그는 형식에 걸맞지 않게 길이가 무척 길다. 수학사상 가장 위대한 발견의 하나인 칸토르의 무한 개념이 원시인들이 사용한 짝짓기에서 비롯되었다는 것은 얼마나 흥미로운가. 수학의 독창성이 무엇인지 감상할 수 있는 기회가 되었으면 좋겠다.

아무쪼록 이 책을 통해 그동안 무심코 사용하던 수와 숫자의 위력에 새롭게 눈뜨는 계기가 되길 기대한다.

2017년 5월 박영훈

차례

우주에도 숫자가 있을까

어느 날 갑자기 이 세상에서 음악이 사라져버린다면? 엉뚱한 가정이지만, 아마도 우리의 삶은 적막하고 무미건조하기 그지없을 것이다. 지루하고 따분한 나머지 우울증 환자들이 속출할지 모른다. 애초부터 음악을 몰랐다면 그냥 그러려니 하고 살아갈 수 있겠지만, 즐기던 음악을 더 이상 듣지 못하는 세상은 정말 끔찍할 것이다.

음악이 없는 영화를 상상하면 좀 더 실감이 날까? 물론 〈위대한 침묵〉처럼 자연의 소리 외에는 어떤 소리도 들을 수 없는 영화도 있다. 알프스 산맥 깊은 계곡에 자리한 카르투지오 수도원의 일상을 담은 다큐멘터리 영화다. 메마르고 삭막해진 영혼을 울리는 감동적인 영화이지만, 감상을 위해서는 무척이나 큰 인내심을 필요로 한다. 세 시간 가까운 상영 시간 동안 한 번 이상 꾸벅 졸지 않는 사람이 과연 몇이나 될까? 음악이 없기 때문이다.

그렇다고 모든 영화가 〈겨울왕국〉의 '렛잇고'Let it go나 〈첨밀밀〉의 '첨밀밀'처럼 반드시 주제가가 있어야 한다는 말은 아니다. 몇몇 장면에서 영상과 함께 흐르는 짤막한 배경음악이면 충분하다. 사실 영화의 배경음악은 잔잔히 흐르는 강물 위를 둥실 떠내려가는 자그마한 나뭇잎과 같이 존재감을 잘 드러내지 않는다. 흥미진진한 영화 속 이야기에 쏙 빠져 들어가 음악이 있었는지조차 의식하지 못하는 경우도 많다. 그럼에도 음악은 영화의 감동과 깊이를 더해준다. 가상의 세계를 그린 영화에서도 그러하니, 우리의 실제 삶에 음악이 없다는 것은 도무지 상상할 수조차 없다.

이번에는 숫자가 없는 삶을 상상해보자. 어느 날 갑자기 이 세상에서 숫자가 사라진다면, 그래서 더 이상 숫자를 사용할 수 없게 된다면 어떻게 될까? 음악하고는 비교가 되지 않을 것이다. 아마도 지금 우리가 서 있는 곳에서 한 발자국도 나아갈 수 없을지 모른다. 지갑 속의 지폐와 동전은 종잇조각, 쇳조각으로 변해버린다. 지금이 몇 시인지 가늠하는 것은 물론이거니와, 현재 어디에 있는지조차 알기 쉽지 않다. 우리의 존재 자체가 숫자로부터 벗어날 수 없게끔 숫자의 세계에 꽁꽁 묶여 있다. 단지 제대로 의식하지 못하고 있을 뿐이다.

주위를 둘러보라. 만일 숫자가 없다면 살고 있는 아파트가 몇 동 몇 호인지 혹은 몇 번지가 내 집인지 어찌 알 수 있는가. 아파트나 고층건물의 건축은 아예 불가능하다. 버스며 열차도 속도를 맞출 수 없어 큰 혼란에 빠질 것이다. 아니 버스나 열차가 아예 있을 리 없다.

숫자의 쓰임새에 대하여 너무 거창하게 생각하지 말자. 거울에 비친 우리의 모습을 바라보는 것으로 충분하다. 여러분이 걸친 바바리코트는 과연 숫자와 무관할까? 사이즈가 얼마인지, 폴리에스터와 면이 어떤 비율로 혼합되었는지, 가격은 얼마인지 바바리코트 하나에도 숫자가 가득 들어 있다. 손에 들고 있는 핸드백이며 시력이 떨어져 얼마 전에 새로 맞춘 안경, 신고 있는 구두… 이 모든 것들은 숫자가 없었다면 수중에 들어올 수조차 없었을 것이다.

복잡한 도시 생활에서 벗어나고 싶어 깊은 산속에 들어가 사는 사람은 어떨까? 현대 문명과는 담을 쌓고 지낼 수 있을지 모르겠다. 하지만 숫자로부터 도피할 수는 없다. 중천에 떠 있는 해를 바라보면 저도 모르게 몇 시쯤인지 가늠하게 되고, 자급자족하기 위해 밭을 갈거나 하다못해 냇가에서 한두 동이의 물을 긷더라도 늘 이전에 알고 있던 숫자를 떠올리게 될 것이다.

그렇다. 0, 1, 2, 3, 4, 5, 6, 7, 8, 9라는 열 개의 숫자는 오늘의 현대 문명을 지탱해주는 가장 근간이 되는 주춧돌이다. 다행스럽게도 사람들이 대체로 이러한 숫자의 위력을 충분히 이해하는 것 같다. 그래서 다음과 같은 주장에 그리 거부감을 보이지 않는다. 만일 우주 어딘가에 외계 문명이 존재한다면, 그들에게도 당연히 숫자가 있을 것이라는. 여기 한 편의 흥미로운 영화가 있다. 1997년에 개봉된 영화 〈콘택트〉다.

"여기는 CQ W-9 GFO, 응답하라! 여기는 CQ W-9 GFO, 응답하라!"

미국 북부 위스콘신 주의 작은 시골마을에 사는 8살 소녀 엘리가 마이크 앞에서 외치고 있다. 매일 밤 누군지도 모르는 상대와의 접속contact을 애타게 기다리며 단파방송에 귀를 기울이는 소녀 엘리. 자신의 목소리가 메아리 없이 허공에 흩어져도 꿋꿋이 자신의 위치를 알리던 어느 날, 마침내 수신기에서 한 마디 말이 흘러나온다.

"K-4 KLD, 펜사콜라."

엘리의 굳게 닫힌 야무진 입가에 미소가 흐른다. 남쪽으로 1,796킬로미터나 떨어진 플로리다 주 펜사콜라의 누군가와 접속에 성공한 것이다.

벽에 걸린 커다란 지도 위에 위스콘신과 플로리다를 연결

영화 〈콘택트〉에서 외계 신호를 수신한 미국 뉴멕시코 주 Very Large Array의 거대한 전파망원경.
©Hajor

하는 선을 그으며 엘리는 아빠에게 묻는다.

"캘리포니아도 접속할 수 있어요?"

아빠는 엘리의 굳건한 조력자이자 열렬한 지지자였다.

"그럼, 당연하지."

아빠의 말에 엘리는 잔뜩 신이 났다.

"알래스카도? … 중국과도? … 달나라와도 접속할 수 있겠네요?"

"그럼, 그렇고말고. 당연히 할 수 있지. 커다란 라디오만 있으면…"

"흠… 그럼 목성도, 토성도 가능하겠네요. 어쩌면 엄마하고도…"

태어나면서 세상을 떠난 얼굴조차 모르는 엄마를 그리워하는 엘리의 마음을 누구보다 안타까워하는 아빠는 얼굴을 떨어뜨리며 힘없이 고개를 젓고 만다.

세월이 흘렀다. 어느덧 삼십대 후반에 접어든 엘리는 이제 애로웨이 박사가 되었다. 엘리는 뉴멕시코 주의 사막을 가로질러 수십 킬로미터에 걸쳐 뻗어나간 131개 전파망원경을 관장하는 아로고스 연구소의 소장이다. 그 옛날 아버지가 말했던 '커다란 라디오'를 가지게 된 것이다. 하늘을 향해 팔을 벌리고 서서 전파파동을 수집하는 이 거대한 망원경들은 멀리서 보면 마치 기형적으로 자란 선인장처럼 보인다.

'이 거대한 우주에 우리만 존재한다는 것은 공간의 낭비다'라는 신념이 하루하루의 삶에 바쁜 보통 사람들에게는 황당하게 들릴 것이다. 하지만 엘리는 외계 생명체를 찾는 데 자신의 삶을 바치고 있었다. 그래서 황량한 사막에서의 생활을 즐길 수 있었다. 그런 어느 날 엘리는 베가성(직녀성)에서 날아온 정체 모를 메시지를 접하게 된다. 신호 속에는 일정한 패턴이 들어 있었다. 그것을 어떻게 아느냐는 질문에 엘리는 다음과 같이 대답한다.

"단일 파장 신호입니다. 이를 2진법으로 가정하고 10진법으로 전환시켜봅시다. 어떤 순서죠? 그냥 암산으로 해봅시다. 2, 3, 5, 7, 11, … 59, 61, 71 … 모두 소수 아닌가요? 1과 자기 자신 이외에는 어떤 수로도 나누어지지 않는 수들의 나열. 자연적인 천체 물리 현상에서는 이런 식의 소수들이 나타날 리 없어요. 수학만이 진정한 우주의 공통 언어라는 것을 명심하세요."

점점 더 엄청난 수의 비트로 이루어진 메시지가 수신되었다. 그 안에는 1936년 나치 독일에서 치러진 올림픽 개회식의 중계방송이 담겨 있었다. 당시 이 영상이 우주로 보내졌고, 그후 다시 지구로 회신된 것이다. 흐르는 영상 프레임 사이사이에는 수만 장의 디지털 신호가 담겨 있었다. 엘리는 디지털 신호를 해독하였다. 놀랍게도 은하계를 왕래할 수 있는 우주선의 설계도였다. 전 세계는 희망과 두려움 속에 휩싸인다. 새로운 천년 왕국이 도래할 것인가, 아니면 아마겟돈의 대혼돈이 시작될 것인가?

영화 이야기는 이쯤에서 그치고, 엘리의 다음 말에 주목하자. "수학만이 진정한 우주의 공통 언어다."

드넓은 우주 공간이 낭비되지 않기 위해서는 틀림없이 다른 지적인 생명체가 존재한다고 확신했던 엘리는 — 실제로는 이 영화의 원작자인 과학자 칼 세이건은 — 외계인들도 숫자를 알고 있고, 자신들의 존재를 알리는 신호로 소수를 택했다고 주장하였다. 만일 그것이 사실이라면, 우리 자신이 소수를 발견한 것도 결코 우연이 아닌 필연인 셈이다. 과연 그럴까? 우리가 알고 있는 그 수number가 그렇게 범우주적이란 말인가? 그래서 자연수自然數, natural number라는 이름이 말해주듯이, 정말 수는 인공물이 아닌 자연의 일부라는 것인가?

이제부터 우리는 수 개념이 어떻게 탄생하였고, 지금의 아라비아 숫자에 이르기까지 어떤 과정을 밟아왔는지 탐사하고 추적해볼 것이다. 그 과정에서 인류 지성의 발전은 늘 앞을 향해 진보에 진보를 거듭하지 않았음을 확인할 수 있을 것이다. 지식이 권력을 유지하고 확대하기 위한 기득권자의 수단이 되어 인류의 발전을 가로막기도 하고, 이름이 무엇인지 어디 사는지도 모르는 누군가가 만든 0이라는 숫자가 수학의 획기적인 발전을 가져왔다는 사실도 알 수 있을 것이다. 한반도에 사는 우리가 0, 1, 2, … 7, 8, 9라는 10개의 아라비아 숫자를 보편적으로 널리 사용하게 된 시기가 지금부터 겨우 수십 년밖에 되지 않는다면 믿을 수 있겠는가?

이제 타임머신을 타고 수만 년 전의 크로마뇽인 시대나 그 전의 네안데르탈인 시대, 아니 그보다 훨씬 더 이전의 시대로 돌아가 보자. 사실 시대는 중요하지 않다. 아무튼 숫자는커녕 셈이 무엇인지조차 알지 못하던 어느 부족의 이야기에서부터 시작해보자.

1. 숫자의 탄생

숫자의 힘

지금부터 십만 년 전, 백만 년 전 어느 시기라도 좋다. 아주 먼 옛날의 이야기이다. 이웃하는 두 부족 사이에 치열한 싸움이 꽤 오랫동안 벌어졌다. 마지막 전투에서 승리한 부족은 전쟁에서 목숨을 잃은 자신들의 전사 15명에 대한 배상을 요구하였다. 상대 부족이 다시는 싸움을 걸어오지 못하도록 하기 위해서였다. 숫자라는 건 존재하지도 않던 시절이다. 그들은 셈을 할 수 있는 능력은 물론이거니와 수 개념조차 가지고 있지 않았다. 그런데 희생된 전사가 15명이라는 사실은 어떻게 알 수 있었을까?

최첨단 문명사회를 살아가는 우리의 삶은 이 이야기에서처럼 숫자 개념도 없이 살아가는 사람들의 삶과는 비교할 수 없다. 거실 소파에 앉아 태평양 건너에서 조폭 우두머리 같은 이미지의 트럼프라는 사람이 그곳 대통령이 되었다는 소식을 CNN 방송을 통해 실시간으로 듣는다. 휴대폰 화면을 두드리며 인터넷 결제를 실행한다. 공상과학 소설이나 영화에 등장하던 일들이 일상이 된 사회에서 살고 있는 것이다.

문명사회에 살고 있는 만큼 사고하고 추론하고 판단하는 능력도 첨단화되었다고 생각해도 큰 무리는 없는 것 아닐까? 앞의 이야기에 등장하는 원시시대 사람들보다 분명 똑똑해진 것은 사실 아닌가? 굳이 먼 옛날로 거슬러 올라갈 것 없이, 반 세기 전이나 한 세기 전에 살던 사람들보다 우리가 더 지성인이라고 자부해도 괜찮지 않을까?

하지만 정말 그렇다고 확신할 수 있을까? 지금 이 시각에도 세계 곳곳에서는 이해하기 힘든 끔찍한 사건들이 끊임없이 일어나고 있다. 야만적인 침략전쟁, 살인의 빈도와 강도가 줄어들기는커녕 오히려 증가하고 있다. 그러니 인류의 지적 능력과 도덕률이 향상되어왔다는 주장에 대해 충분히 의심해볼 수 있지 않을까?

어쩌면 우리 자신이 똑똑해진 게 아닐지 모른다. 인터넷이나 인공지능 같은 최첨단 도구와 함께 지난 몇 세기 동안 폭발적으로 쌓아올린 엄청난 양의 지식을 이용할 수 있는 외부적인 환경 때문에 그렇게 보일 뿐이다. 우리는 과거 어떤 시기의 어느 누구보다 더 많은 것을 생산해낼 수 있는 유리한 환경과 조건에 놓여 있다. 이런 사실을 수학에서도 확인할 수 있다.

덧셈, 뺄셈, 곱셈, 나눗셈 같은 사칙연산의 예를 들어보자. 사칙연산 능력은 불과 3세기 전까지만 해도 신비스럽고 복잡한 마법사의 기술이었다. 아무나 할 수 없는 최첨단 기능으로 여겨졌다. 르네상스 시대인 15,6세기의 유럽인들은 사칙연산을 터득하기 위해 유럽 각지를 떠돌며 여러 해 동안 연구를 거듭해야 했다. 마치 오늘날의 박사학위 취득 과정과 비슷했다고나 할까. 얼마 전까지만 해도 사칙연산 기능은 오늘날의 컴퓨터 프로그래밍이나 해킹 기술 같은 것이었다. 단순히 컴퓨터를 능숙하게 다루는 차원의 의미가 아니었다.

우리나라에서 사칙연산이 대중화된 것은 해방 이후 근대 학교교육제도가 확립된 다음이다. 그 역사가 채 100년도 되지 않는다. 지금은 태어나서 10년 정도만 지나면 덧셈, 뺄셈, 곱셈, 나눗셈 정도는 쉽게 척척 정답을 찾아낸다. 그렇다고 우리 아이들이 정말 똑똑해진 것이라고 말해도 괜찮은 것일까? 아니다. 사칙연산의 정답을 구하는 표준화된 계산 절차가 계발되고, 학교라는 제도교육에서 이를 습득할 수 있는 기회가 주어졌기 때문이다. 사칙연산의 기능 정도는 쉽게 구사할 수 있는 유리한 환경과 조건에 놓여 있다는 것이다.

연산 기능의 발달은 크게 두드러지지만, 더불어 수에 대한 감각까지 발달한 것은 아니다. 수 감각이 무엇인지는 여러 견해가 있을 수 있다. 매우 단순화시키면 다음과 같은 사례에 적용해 볼 수 있다. 서울시청 앞 광장에 모여 있는 한 무리의 사람들을 힐끗 보고 200명인지 2천 명인지 헤아릴 수 있다거나, 국가경제를 설명하면서 500억과 5천조라는 수치를 들먹이는 정치가의 말에서 그 수량의 차이를 쉽게 구별하고 비교할 수 있는 능력 같은 것 말이다. 5천조는 500억의 십만 배다. 하지만 십만 배라는 것 또한 상상하기 쉽지 않다. 1km의 도로 거리와 1cm의 선분 길이를 비교하는 것과 같다고 하면 조금 쉽게 이해할 수 있을까? 대부분의 사람들은 500억과 5천조의 차이를 구별하기보다는 단지 엄청나게 큰 별개의 두 수로 인식할 뿐이다. 이럴진대 인간의 수에 대한 감각이 예민하다고는 할 수 없지 않은가.

제 아무리 사칙연산 기능이 뛰어나다 하더라도 우리의 수 감각은 매우 낮은 수준에 머물러 있다. 현대인의 수 감각은 르네상스 시대나 중세 또는 고대 이집트나 바빌로니아, 고대 중국인들보다 우월한 위치에 있지 않다. 심지어 까마귀의 수 감각과 비교하더라도 그리 월등하게 뛰어나지 않다. 너무 심하지 않느냐는 반발이 일 법하다. 뒤에서 구체적으로 보여주겠다.

누군가는 이런 반론을 제기할 수 있다. '오늘날 우리는 백만,

천억, 조… 심지어 무한대까지 상상의 나래를 펼칠 수 있지 않습니까? 이는 인간의 능력이 발전되었다는 증거 아닌가요?'라고 말이다. 맞는 말이다. 하지만 그것도 숫자라는 도구가 계발되어 사용할 수 있게 되었기 때문이다. 소파에 앉아 세계 곳곳에서 벌어지는 일들을 실시간으로 확인할 수 있는 것은, 우리의 눈이 천리안으로 바뀌었기 때문이 아니다. 다름 아닌 위성TV라는 도구를 갖게 되었기 때문이다. 같은 이치다. 숫자는 수 개념을 단순히 기록하는 용도만이 아니라, 더 높은 수준으로 확장시키는 발판을 제공해주었다. 문자의 위력이 기록에 그치지 않고, 사고의 확산에 이바지한 것과 마찬가지다.

우리의 수 감각이 고대인들이나 어쩌면 까마귀보다 특출하게 뛰어난 것은 아닐지 모른다. 하지만 숫자라는 도구가 있었기에 온갖 상상을 뛰어넘어 무한의 세계로 나아갈 수 있었던 것이다. 숫자가 없던 시대의 사람들은 수량을 어떻게 파악할 수 있었을까? 숫자는 어떻게 탄생하게 되었을까? 답을 구하는 기나긴 여정을 시작해보자. 그 속에서 어쩌면 무한의 세계까지 나아가는 실마리를 찾을 수 있을 것이다.

모든 것은
짝짓기에서 비롯되었다

그 옛날 원시시대 사람들의 지적 능력이 어떠했는지는 자세히 알기 어렵다. 하지만 개수를 헤아리는 셈을 하지 못하던 시대는 분명히 있었다. 숫자는 물론이거니와 추상적인 수 개념조차 존재하지 않았다. 이 장의 첫머리에는 그런 시대를 배경으로 한 꾸며낸 이야기가 실려 있다. 수 개념조차 없던 당시 사람들은 전쟁에서 목숨을 잃은 희생자가 15명이라는 사실을 어떻게 알았을까? 아마도 다음과 같은 절차를 거쳤을 것이다.

병사들은 전쟁터로 향하면서 마을 입구에 돌을 하나씩 던져놓는다. 전쟁이 끝나고 마을로 돌아오면서 쌓여 있던 돌무더기에서 다시 돌멩이 하나씩을 가져간다. 그리고 임자 없이 남겨진 돌무더기! 남은 돌은 전쟁터에서 돌아오지 못한 병사들이 그만큼이라는 사실을 말해준다.

이 짧은 이야기에는 병사 한 명에 돌 한 개씩 짝을 짓는 이른 바 '일대일 대응' 개념이 들어 있다. 중요한 수학적 개념이다. 그렇다! 수학은 '일대일 대응'에서 시작되었다. 일대일 대응은 19세기 말의 탁월한 천재 수학자에 의해 무한이 몇 개인지를 세어보는 도구로까지 활용되었다. 칸토르라는 이름의 독일 수학자가 그 주인공이다. 그가 일대일 대응을 통해 어떻게 무한에 이를 수 있었는지 이 책의 마지막 에필로그에서 살펴볼 것이다. 여기서는 그 출발점이 '일대일 대응'이었다는 사실만 밝히고 넘어가자.

'일대일 대응'은 우리 주위에서 쉽게 발견할 수 있다. 의식의 촉수를 예민하게 뻗으면 주변의 일상 곳곳에서 이런 사례가 눈에 띈다. 단지 우리가 제대로 의식하지 못할 뿐이다.

사람들이 정류장에서 버스를 기다리는 상황을 떠올려보자. 버스가 도착하는 줄도 모를 만큼 한 무리의 친구들이 수다를 떨고 있었다고 치자. 그들은 막 출발하려는 버스에 간신히 올라탔다. 서 있는 사람은 아무도 없다. 빈 좌석이 여럿 눈에 띈다. 이때 그들은 어떻게 할까? 빈 좌석이 몇 개인지 세어보는 사람은 아무도 없다. 재빨리 빈 좌석에 한 사람씩 앉을 뿐이다. 빈 좌석이 많으면 모두 앉아 갈 수 있지만, 자리가 모자라면 누군가는 서 있어야 한다. 빈 좌석 한 개에 한 사람씩 '대응'시키는 원리다. 함께 버스에 탄 친구들의 집합과 빈 좌석들의 집합 사이에 하나씩 서로 짝을 짓는 '일대일 대응' 방식은 이처럼 버스 안에서도 발견된다.

숫자를 표현하는 낱말도 없고 개수를 헤아리는 일조차 할 수 없던 고대 원시인들이 '일대일 대응'에 의해 수량의 크기를 파악했을 것이라는 추측이 설득력 있지 않은가? 이러한 추측이 나름의 설득력이 있다는 사실은 종교 의식의 예에서도 확인할 수

가톨릭 교도들이 사용하는 묵주의 하나.

가 있다.

　가톨릭에서 기도할 때 사용하는 묵주는 일대일 대응 원리를 적용한 하나의 예이다. 묵주에는 50개의 작은 묵주 알이 들어 있는데, 10개씩 다섯 개의 마디로 구성되어 있다. 굵은 묵주 알이 각 마디를 구분한다. 작은 묵주 알을 넘기면서 '성모송'을 암송하고, 10개째 묵주 알마다 '영광송'을, 그리고 굵은 묵주 알에 이르러시는 '주님의 기도'를 암송한나. 묵주에 연결된 사슬에는 3개의 작은 묵주 알과 굵은 묵주 알 하나, 그리고 십자가가 달려 있다. 묵주의 구슬들을 하나씩 넘김으로써 기도의 횟수를 일일이 헤아리지 않아도 빠뜨리지 않고 모든 기도문을 암송할 수 있다. 성모송의 집합과 묵주 알 집합을 일대일 대응으로 짝짓기하는 물리적 도구가 가톨릭의 묵주이다.

　불교와 이슬람교에도 이와 유사한 도구가 있다. 불교의 염주는 염불할 때나 절을 할 때 그 횟수를 기억하도록 하는 도구이다. 불법승의 명칭을 외우며 백팔염주의 염주를 하나씩 넘기는 것이다. 염주 하나를 굴릴 때마다 108번뇌가 하나씩 끊어지고, 죄업이 소멸된다는 의미를 갖는다고 한다. 이슬람 묵주는 알라의 권능을 상징하는 99개의 구슬과 '신의 이름'에 해당하는 하나가 더해져 모두 100개의 구슬이 하나의 실로 꿰어져 있다. 알라의 권능을 옮길 때마다 손가락 사이로 구슬을 하나씩 밀어 올린다고 한다.

　　각각의 종교에서 널리 사용되는 묵주(또는 염주)에서도 일대일 대응 원리를 발견할 수 있다. 셈이 익숙하지 못하거나 더딘 또는 아예 수 개념이 없던 신자들을 위해 고안했던 것 같다. 종교의식도 숫자를 피해갈 수 없었던 것이다.

일대일 대응 속에 깃든
숫자의 원형

전쟁터에 나가는 병사들과 희생된 병사들의 수를 헤아리기 위해 사용한 돌무더기는 일대일 대응 원리를 구현하는 도구였다. 전쟁은 일상적으로 일어나지 않지만, 수를 헤아려야 할 필요성은 항상 존재한다. 냇가에서 물을 길어 오는 아낙네, 양떼를 기르는 목동은 물론, 과일나무에서 식구 수만큼 열매를 따오려 하는 경우에도 수량을 헤아려야 했다. 수를 세는 도구의 필요성이 절실했다. 그렇다고 매번 돌무더기를 만들 수는 없지 않은가.

그때 누군가가 무심코 눈금을 매기기 시작했다. 매일같이 자신의 양들이 안전하게 돌아왔는지 확인하기 위해 어느 양떼지기가 그랬을 것이다. 우리에 양을 한 마리씩 들여보내며 입구에 세워진 기둥에다 날카로운 돌조각으로 눈금을 한 개씩 새겨 넣었다. 물론 그 양떼지기가 눈금의 수학적 의미를 알았던 것은 아니다. 그냥 새겨 넣었을 것이다. 다음날부터는 양을 우리에 들여보낼 때마다 손가락으로 눈금이 새겨진 자리를 하나씩 짚어 가는 것으로 충분했다. 양떼가 모두 우리에 들어갔는데도 아직 짚어야 할 눈금이 남아 있다면, 남은 눈금 수만큼의 양들이 들판을 헤매고 있거나 늑대 같은 맹수에게 희생된 것이다. 새끼 양이 새로 태어나면 그에 맞추어 새로운 눈금을 새겨 넣으면 되었다.

그런데 차츰 새로운 사실을 발견하게 된다. 눈금 매기기는 양떼뿐 아니라 물을 길을 때에도, 과일나무에서 열매를 딸 때도 똑같이 적용할 수 있다는 사실을 깨닫게 되었던 것이다. 돌멩이 대신 다른 매개물을 사용하기도 하였다. 구슬이나 조개껍질을 이용하는 것이었다. 원시시대부터 오늘날까지 가장 널리 사용되는 도구는 무엇일까? 다름 아닌 우리 신체의 일부인 손가락이다.

"몇 살이지?"

아이에게 나이를 가르쳐주기 위해 이렇게 질문을 던진다. 그리고 손가락 둘을 접고 세 개만 편 손을 아이의 눈앞에 보여주며, "세 살이야, 세 살. 셋!"이라고 알려준다.

한 손으로 모자라는 여섯 살 이상의 경우에는 다른 손까지 빌릴 수 있다. 간혹 황당한 상황에 처하기도 한다.

"오빠 나이는 몇일까?"

곰곰이 생각에 잠긴 아이는 양손의 손가락을 구부렸다 폈다 하더니 이렇게 대답한다.

"오빠 나이는 엄지발가락 하나가 더 필요해요."

어린 아이가 자기 손가락을 꼽으며 셈을 하거나 간혹 어른들도 누군가에게 자기 생각을 강조하기 위해 손가락으로 수를 표시하는 움직임은 결코 우연이 아니었다. 손가락셈은 오랜 옛날부터 전해 내려오는 인류 지성의 유산이기 때문이다. 헤아리고자 하는 대상을 손가락을 비롯한 신체의 일부와 짝을 짓는 일대일 대응 방식은 뉴기니의 파푸아족, 아프리카의 부시맨과 같은 원시

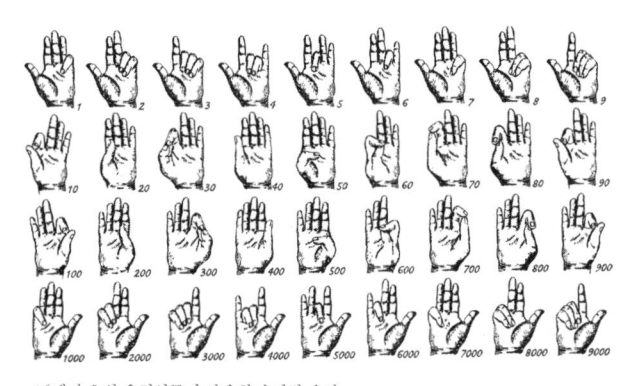

16세기 초의 유럽인들이 사용한 손가락 숫자.

부족들이 20세기 초까지 사용해온 셈의 방식이었다. 그들은 수를 헤아리기 위하여 손가락, 발가락은 물론이고 팔과 무릎의 관절, 눈, 귀, 코, 입, 목, 가슴, 엉덩이, 흉골 심지어는 생식기까지 동원하였다. 모로코 태생의 수학자이자 고고학자인 조르주 이프라가《숫자의 탄생》에서 생생히 증언하는 내용이다.

숫자가 없던 시절의 옛 사람들이 일대일 대응 방식으로 수량을 파악하기 위한 도구는 다양했다. 손가락 같은 신체의 일부를 포함하여 조개껍질, 구슬, 해골, 상아, 코코넛 열매, 심지어 마른 똥까지 사용했다고 한다. 그 가운데 앞에서 언급한 눈금을 새겨 넣은 나무에 주목해보자. 지금까지 남아 있는 유물은 나무가 아닌 동물 뼈에 새긴 것이다. 종교 의식을 치러야 할 날과 달을 기록하는 눈금 달력처럼 오래 사용해야 할 도구는 내구성이 강한 뼈에 새겼던 것이다. 하지만 쉽게 구할 수 있고 다루기 쉬운 나무가 훨씬 많이 사용되었을 것이다. 어쨌든 중요한 것은 나무든 동물의 뼈든 수량을 기록하기 시작했다는 사실이다. 처음에는 아마도 다음 그림처럼 수직으로 새긴 막대그림이나, 점, 또는 원과 같은 단순한 기호를 반복적으로 배열하여 기록하였을 것이다.

I	II	III	IIII	IIIII	IIIIII	IIIIIII	IIIIIIII
1	2	3	4	5	6	7	8

그러다가 성미 급한 누군가가 반복하는 지겨움을 참지 못하고 다음과 같이 그룹으로 묶는 방법을 고안해냈다.

I	II	III	IIII	IIII II	IIII III	IIII III	IIII IIII
1	2	3	4	5	6	7	8
				(3+2)	(3+3)	(4+3)	(4+4)

6을 3과 3으로 묶거나 5와 1로 묶는 등 그 방식은 각각의 문명과 사회에 따라 다르게 실행되었다. 그리고 점차 5라는 특별한 수에 주목하게 된다. 아마도 다섯 개의 손가락에서 비롯되었을 것이다. 나중에는 다음과 같은 묶음 방식을 시도하였다.

1 I	6 卌 I	11 卌 卌 I
2 II	7 卌 II	12 卌 卌 II
3 III	8 卌 III	13 卌 卌 III
4 IIII	9 卌 IIII	14 卌 卌 IIII
5 卌	10 卌 卌	15 卌 卌 卌

로마 숫자의 원형을 엿볼 수 있지 않은가. 학급 반장이나 마을 부녀회장 선거에서 볼 수 있는 한자어 정正을 이용한 5단위 묶음 표기도 나타난다.

一	丁	下	正	正	正正
1	2	3	4	5	10

이러한 표기 방식에는 수학적으로 매우 중요한 두 가지 의미를 부여할 수 있다. 우선 수량을 기록하는 숫자라는 기호를 인지하고 사용하기 시작하였다는 점이다. 개인에 의한 것인지 집단에 의한 것인지 확실하게 알 수는 없지만, 인류 문명의 전환을 가져온 획기적인 발명이 아닐 수 없다. 그런데 이와 같은 기호의 사용 속에는 보다 더 중요한 의미가 담겨 있다. 그것은 바로 추상적 개념의 확립이라는 사실이다.

2(Ⅱ)라는 기호의 예를 들어보자. 처음에는 양 두 마리를 나타내었다. 하지만 사람들은 차츰 그것이 닭 두 마리일 수도 있고, 사과 두 개일 수도 있고, 얼굴에 있는 두 눈일 수도 있고, 두 개의 젖가슴일 수도 있음을 깨닫게 되었다. 대상이 되는 물건의 속성이나 동물의 종류와는 무관하게 '둘'이라는 공통된 특징을 나타내는 하나의 추상 개념으로서 수를 인식하게 되었다. 물론 수에 대한 개념이 그 이전에 확립되었을 것이다. 하지만 기호를 사용하여 표기함으로써 그 개념이 더욱 확고하게 확립되었다. 그렇게 되기까지 얼마나 많은 시행착오를 겪고 얼마나 많은 시간이 흘렀는지는 알 수 없다.

수 감각과 수 세기는 다르다

매일 오후가 되면 이웃집 아기 미영이가 우리 집에 마실 온다. 다음 달이면 첫돌을 맞이하는 미영이는 언제나 방글방글 미소가 예쁜 아기다. 옹알이를 시작한 지 두세 달이 지났다고 하는데, 아직 말다운 말은 제대로 하지 못한다.

어느 날 오후 늘 그랬듯이, 미영이가 좋아하는 갓 구은 쿠키 3개가 담긴 접시를 간식으로 내놓았다. 아기가 접시에 다가가서 막 손을 뻗으려는 바로 그때, 갑자기 뒤에서 음악을 크게 틀어 시선을 돌려놓는다. 그리고 재빨리 쿠키 하나를 슬쩍 집어 감춘다. 아기는 다시 접시에 놓인 쿠키로 시선을 돌린다. 하지만 무언가 이상하다는 듯이 잠시 멈칫거리며 얼굴을 찡그린다.

아기는 왜 멈칫거린 상태에서 얼굴을 찡그렸을까? 아직 자신의 의사를 언어로 나타낼 수 없고, 숫자를 알 리도 없다. 따라서 쿠키가 몇 개인지 모르는 게 당연하다. 그럼에도 3개의 쿠키 가운데 1개가 없어진 것을 알아차린 것 같다. 어떻게 알았을까?

감각적으로 그랬다는 설명밖에는 할 수가 없다. 이처럼 개수를 세어보지도 않고 수량의 변화를 감지하는 '수 감각'은 선천적으로 타고난다. 비록 둘이나 셋이라는 작은 개수에 한정되지만, 그럼에도 그 감각은 본능적으로 타고난 것이다. 그런 측면에서 수 세기 능력과 수 감각은 구별되어야 한다. 수 세기 능력은 수 감각과 달리 아이의 발달 단계에서 한참 뒤에 형성된다.

'수 감각'은 인간만이 아니라 거의 모든 동물에게서 나타난다. 간혹 인간 못지않은, 어쩌면 인간보다 뛰어난 수 감각을 지닌 동물의 사례가 제시되기도 한다. 거의 한 세기 전인 1930년에 출판된 《과학의 언어, 수》에서 저자인 토비아스 단치히는 다음과 같은 사실을 전하고 있다.

상당수의 새들은 자기 둥지 안에 있는 네 개의 알 가운데 누군가가 두 개를 슬쩍 빼내면, 이를 감지할 수 있다고 한다. 새는

곧 그곳을 떠나 다른 장소로 둥지를 옮겨간다. 그런데 이때 알 한
개만 빼내면 전혀 눈치를 채지 못한다는 것이다. 어미 새의 수 감
각이 두 개와 세 개를 구별하는 데 그친다는 증거다. 비록 뛰어난
감각은 아니지만 어미 새에게도 수 감각이 있다는 것이다.

그런데 '솔리타리 말벌'이라는 곤충의 수 감각은 너무나 정
교해서 정말 놀랍고 신기할 따름이다. 이 말벌의 어미는 각각의
벌집에 알을 하나씩 낳는데, 그곳에 나비 애벌레를 넣는다. 새끼
가 알에서 깨어났을 때를 대비하여 미리 먹이를 준비해두는 것
이다. 그런데 정말 신기한 것은 벌집에 넣는 애벌레의 수가 말벌
종에 따라 일정하다는 사실이다. 어떤 말벌 종은 다섯 마리씩,
어떤 종은 열두 마리씩 넣는데, 최대 스물네 마리씩 넣어주는 말
벌 종도 있다고 한다. 더 놀라운 사실은 '게누스 에우메네스'Genus
Eumenes라는 말벌의 예다. 놀랍게도 어미 말벌은 어느 알에서 수
컷이 나올지 암컷이 나올지 미리 알고 있다. 그래서 수컷이 나올
알에는 애벌레 다섯 마리를, 암컷이 나올 알에는 열 마리를 넣어
준다. 수컷의 크기가 암컷보다 훨씬 작기 때문이다.

그래서인지 혹시 말벌에게 수 세기 능력이 있는 것은 아닐까
추측해볼 수도 있다. 하지만 그렇다고 말하기는 어렵다. 이러한 행
동 패턴이 자의에 의해 의식적으로 이루어지는 것은 아니기 때문
이다. 종족 번식과 같은 기본적인 생명 활동에서 나타나는 일정한
패턴의 행동 양식은 선천적으로 타고난 감각에 지나지 않는다.

아인슈타인이 '수학의 고전'이라고 극찬했던 단치히의 책에는 이런 사례들과 함께 서구사회에 전해 내려오는 까마귀 일화가 들어 있다. 조금 각색하여 소개하면 다음과 같다.

옛날 어느 성 안에 있던 헛간에 까마귀 한 마리가 날아 들어왔다. 까마귀는 아예 헛간에 둥지를 틀고 쌓아놓은 곡식을 야금야금 훼손하였다. 이 못된 까마귀를 잡기 위해 다양한 방법이 동원되었지만, 매번 실패로 끝났다. 사람이 헛간에 가까이 다가가면, 어느새 이를 눈치 챈 까마귀는 둥지를 훌쩍 떠나 정원의 높다란 나무 위로 날아오른다. 나뭇가지에 앉아 느긋하게 시간을 보내다 사람이 헛간에서 나오는 것을 확인하고 나서야, 비로소 둥지로 되돌아오는 것이었다.

머리를 쥐어짜며 고민하던 성주는 까마귀 사냥을 위한 한 가지 꾀를 내었다. 그는 친구와 함께 헛간에 들어갔다. 어느 정도 시간이 흐른 뒤에 총을 든 친구는 헛간에 남겨둔 채, 성주 혼자서 걸어 나왔다. 나무 위에 앉아 있던 까마귀에게 보란 듯이 걸어 나왔지만, 꽤나 영리했던 까마귀는 그런 꾀에 속아 넘어가지 않았다. 남아 있던 친구마저 헛간에서 나올 때까지 인내심을 발휘하며 나무 위에 앉아 있었으니 말이다.

다음날 성주는 두 명의 친구를 불렀다. 셋이서 함께 헛간

이솝 우화 〈까마귀와 물주전자〉는 까마귀를 지혜로운 동물로
그리고 있다. ⓒMilo Winter

에 들어간 다음 총을 든 친구 한 명만 남긴 채, 두 사람은 헛
간에서 걸어 나왔다. 헛간에 남아 있던 세 번째 사람은 까마
귀를 잡을 기회를 엿보며 지겹도록 오랫동안 기다렸다. 하지
만 꾀 많은 까마귀가 오히려 더 큰 인내심을 발휘하였다. 나
무 위에 앉아서 물끄러미 헛간만 바라보고 있었던 것이다. 나
머지 한 명마저 헛간에서 나오는 것을 확인하고 나서야 까마
귀는 둥지로 되돌아갔다.

무척 화가 난 성주. 하지만 그는 포기하지 않았다. 오기가 발동했는지, 이번에는 세 명의 친구를 불러 모두 네 사람이 함께 들어갔다. 마찬가지로 한 사람만 남고, 세 사람은 밖으로 나왔다. 하지만 이번에도 실패로 끝났다.

까마귀 제거 작전을 포기하려던 성주는 마지막으로 친구한 사람을 더 불렀다. 모두 다섯 사람이 함께 들어갔다가 네 사람만 밖으로 나왔다. 그러자 이를 바라보던 까마귀가 이번에는 둥지가 있는 헛간으로 돌아가는 것 아닌가? 결국 성주의 지혜와 참을성 덕택에 까마귀 제거 작전을 성공적으로 완수할 수 있었다.

단치히 덕택에 이 일화는 수를 다룬 책 대부분에 소개되어 있다. 하지만 그 속에 담긴 의미는 그다지 언급되지 않았다. 그래서 더러 다음과 같은 결론을 내리는 사람도 있다.

'까마귀는 수를 넷까지 셀 수 있다. 하지만 다섯을 넘는 수는 셀 수가 없다.'

글쎄다. 수 감각과 수 세기를 구분하지 못해 얻은 성급한 결론이다. 본능적인 수 감각과는 달리 수 세기는 여러 지식과 정신적 능력이 복합적으로 구성되어야만 나타난다. 그만큼 수 감각과는 수준이 다른 고도의 능력이다. 앞에서 예를 든 어린 미영이가 3개의 쿠키를 헤아릴 수 있으려면 그 이전에 몇 가지 능력이 형성되어 있어야 한다.

우선 수를 지칭하는 단어, 즉 하나, 둘, 셋 또는 일, 이, 삼 같은 수 세기 단어를 알고 있어야 한다. 단어만 아는 데 그쳐서는 안된다. 하나, 셋, 둘이 아닌 하나, 둘, 셋과 같이 그 순서를 차례대로 말할 수 있어야 한다. 그리고 앞에서 언급했듯이 각각의 대상 하나하나에 수 단어 하나씩 짝을 지우는 '일대일' 방식을 이해하고 적용할 줄 알아야 한다. 뿐만 아니라 마지막에 말한 수 단어가 전체 개수라는 사실을 파악해야만 한다. 이를 기수 개념이라고 한다. 수 세기라는 것이 숨 쉬고 걸어 다니는 일상 행동처럼 익숙해 있는 우리에게는 기수 개념을 별도로 학습해 지녀야 한다는 사실이 잘 와 닿지 않을 수 있다. 여기에 대해서는 나중에 다시한 번 자세히 살펴볼 예정이다.

어쨌든 '셋'이라는 전체 쿠키의 개수를 파악했다고 인정받기 위해서는, 각각의 쿠키에 대하여 '하나, 둘, 셋'이라는 일정한 순서로 암기한 수 단어를 일대일 대응에 따라 차례대로 말하다가 최종적으로 마지막 대상과 짝을 지은 '셋'이라는 단어가 전체 대상의 수량이라는 사실을 알아야 한다. 수 세기 능력은 이런 일련의 복합적인 과정이 조화롭게 이루어져야만 가능하다.

사람들은 아주 어린 나이부터 이러한 수 세기 활동을 밥 먹는 횟수보다 더 빈번히 경험한다. 그래서 완벽히 자동화된 시스템에 의해 몇 개인지를 파악하는 수 세기가 순간적으로 가능하다. 때문에 대부분의 사람들은 수 세기를 매우 단순한 활동으로 여긴다. 심지어 태어날 때부터 유전자에 각인되어 있는 선천적인 능력으로 착각하기도 한다. 하지만 어린 미영이의 예에서 보았듯이, 갓 태어난 아기는 수 세기 능력은 물론 일대일 대응 방식도 잘 알지 못한다. 오직 수 감각만 선천적으로 지니고 있을 뿐이다. 수 세기 능력은 '일대일 대응'과 수 단어 암기 그리고 기수 개념이 복합되어 수많은 시행착오와 반복연습을 거듭한 끝에 형성되는 고도의 정신 활동이다. 다른 동물과는 달리 오직 인간만이 가능하고, 학습 과정이 필요하다. 따라서 까마귀의 수 감각이 넷까지의 수량을 구별할 만큼 예민하다는 결론을 내릴 수는 있지만, 이를 셀 수 있는 능력으로 해석하는 것은 무리다. 까마귀의 수 감각이 어느 정도인지는 그리 중요하지도 않고, 자세히 언급할 이유도 없다. 우리 인간의 수 감각의 폭이 어느 정도인지가 궁금할 뿐이다.

까마귀와 다르지 않은
인간의 수 감각

우리 인간의 수 감각이 앞에서 언급한 까마귀의 그것과 별로 다르지 않다는 주장에 많은 사람이 거부감을 보이는 것이 사실이다. 수 감각과 수 세기를 구별하지 않았기 때문이기도 하지만, 우리의 수 세계가 만, 천만, 억, 조와 같이 큰 수는 물론, 무한의 수 세계까지 확장되어 있음을 잘 알고 있기 때문이다. 사실 수학자들의 수 세계는 초월수와 같은 예에서 보듯이, 보통 사람들이 알고 있는 범위보다 훨씬 더 넓어서 그 끝이 어디인지 가늠하기조차 어렵다. 따라서 수 감각의 범위도 그 크기를 가늠하기 어려울 만큼 엄청날 것으로 여기는 것은 어쩌면 당연하다. 하지만 안타깝게도 인간의 수 감각은 앞에서 예를 든 까마귀와 비교해 그리 큰 차이가 나지 않는다. '설마 인간의 수 감각이 그 정도밖에 되지 않을까' 믿지 못하겠다는 반응을 보이는 독자를 위해 자신의 수 감각이 어느 정도인지 직접 체험할 수 있는 문제를 제시해보려 한다.

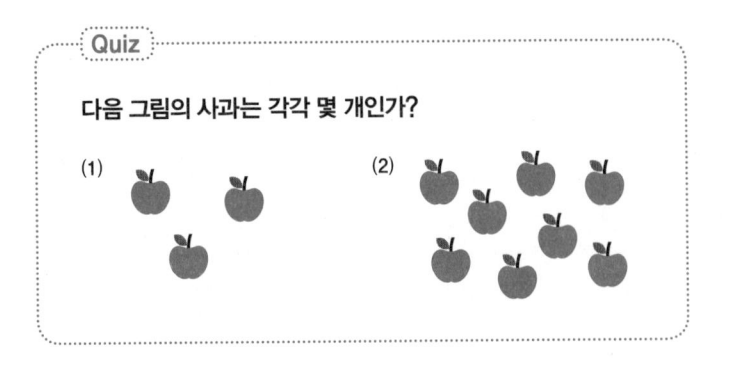

Quiz

다음 그림의 사과는 각각 몇 개인가?

(1)

(2)

물론 각각의 정답은 3개와 8개이다. 하지만 이 문제의 의도는 사과 개수를 구하라는 것이 아니라 그 개수를 어떻게 구했는지 되짚어보라는 것이다.

(1)번 문제에서 사과의 개수가 3개임을 알기 위해 일일이 세어보는 사람은 거의 없다. 그림을 보자마자 즉각 3개라고 말한다. 실제로 개수를 세어보지 않고 감각적으로 한눈에 파악한 것이

다. 앞으로 이 현상을 '직관적 수 세기'라는 용어로 나타내자.

그렇다면 (2)번 문제에서도 직관적 수 세기가 가능할까? 한 눈에 즉각 사과의 개수가 8개라는 것을 파악할 수 있을까? 거의 불가능하다. (2)번 문제를 제시하자마자 대부분의 사람들은 한 순간 멈칫거린다. 사과 전체의 개수를 한눈에 파악할 수 없기 때 문이다. 처음에 직관적 수 세기를 시도하다가 결국 이를 포기하 는 단계에서 멈칫거리는 것이다. 그러고 나서 곧 자기 나름의 개 수 세기 전략을 세운다. 이때의 전략이란 어떻게 묶어 셀 것인가 를 말한다. 즉 아래 그림과 같은 몇 가지 방식이 가능하다. 전체를 분리하여 2개씩 네 묶음으로 센다든지, 4개씩 묶어 센다든지, 아 니면 5개와 3개로 묶어 세는 것이다.

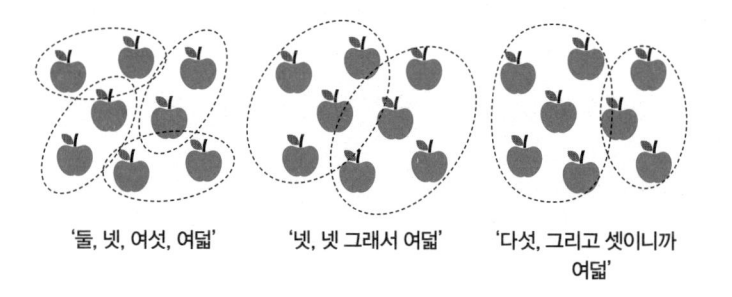

'둘, 넷, 여섯, 여덟'　　　'넷, 넷 그래서 여덟'　　　'다섯, 그리고 셋이니까
여덟'

8개라는 정답을 얻은 독자 여러분도 틀림없이 이 가운데 어 느 하나의 전략을 활용하였을 것이다. 전체 개수를 파악하는 과 정은 이와 같이 두 가지로 분류할 수 있다. 감각에 의한 '직관적

수 세기'와 각자 나름의 편한 방식으로 묶음을 만든 후에 개수를 세는 '전략적 수 세기'가 그것이다.

여기서 전략적 수 세기 과정에서 드러난 각각의 묶음에 들어 있는 개수에 주목해보자. 모두 5개 이하임을 알 수 있다. 우리의 보편적인 수 감각 단위가 그렇다는 증거다. 21세기 현대 문명사회의 구성원으로서 나름 꽤 많은 시간을 수학 공부에 할애했다는 우리 자신도 수 감각이라는 측면에서는 까마귀와 별반 다르지 않다는 사실을 내키지 않더라도 인정해야만 한다.

직관적으로 수를 파악할 수 있는 수 감각의 단위가 5를 넘지 않을 만큼 매우 제한적이라는 사실은 일상생활에서도 확인할 수 있다. 전화번호가 대표적인 사례이다. 얼마 전까지만 해도 전화번호는 32-5074 또는 3*2-6572처럼 네 자리 이하의 숫자 단위 두 묶음으로 구성되어 있었다. 우리의 수 감각 단위를 반영한 것으로, 몇 번 소리 내어 되풀이하면 쉽게 암기할 수 있다. 이제는 01*-52*7-65*2처럼 전화번호가 열 자리를 넘어가는 시대가 되었다. 여전히 네 자리 이하의 숫자로 묶어 연결하였다는 점이 눈에 띈다. 그럼에도 전화번호 암기는 쉽지 않아서 자기 번호도 잘 기억하지 못하는 사람이 허다하다. 놀라운 정보통신 혁명의 시대가 되었음에도 인간의 수 감각은 여전히 고대 원시인에 비해 별다른 진전이 없다는 증거다.

인간의 수 감각이 그리 뛰어나지 않다는 사실은 문명사회

와 접촉이 단절된 원시 토착민을 대상으로 한 인류학 연구에서
도 확인할 수 있다. 앞에서 인용한 조르주 이프라의《숫자의 탄
생》에 따르면, 아프리카의 피그미 족과 줄루 족, 오스트레일리아
의 아란다 족과 카밀라라이 족, 말레이 제도의 원주민, 브라질의
보토쿠도 족들은 모두 연구가 진행될 당시에 여전히 석기시대의
삶을 살고 있었는데, 그들이 수의 크기를 표현하는 방법은 '하
나, 둘, 그리고 많다'뿐이었다고 한다.

　　그런 예를 한자어에서도 찾을 수 있다. 나무를 뜻하는 한자
는 木이다. 그림문자인 나무木가 두 그루 있는 林은 숲을 말한다.
나무木가 세 그루 있는 森은 많은 나무가 빽빽하게 들어서 있는
모양을 뜻한다. 삼림森林이라는 단어는 그렇게 만들어졌다.

　　프랑스어에서도 3을 뜻하는 trois와 '매우'라는 뜻을 가진
très 사이에는 명백하게 근친성이 있다고 한다. 이처럼 아주 오래
전부터 숫자 3은 '복수' '다수' '무더기' '그 이상' 등과 동의어였으
며, 이해할 수 없는 한계 또는 정확히 가늠하기 어려운 상황을 나
타내었다.

　　그러므로 원시 인류나 위에서 언급한 석기시대 삶을 살아가
는 토착 원주민들이 2를 넘어가는 수를 접하게 되면, 그야말로 멘
붕 상태에 이르렀을 것이다. 그들이 다섯을 넘어서는 수를 머릿
속에 그리는 것은 아마도 지금의 우리가 '수십억 경京' 같은 수량
을 상상하는 것만큼이나 어려운 일이었을 것이다.

그들은 우리처럼 추상적 관점에서 수를 이해한 것이 아니었다. 세 마리의 염소, 세 마리의 닭, 세 손가락, 세 사람의 경우 모두 '셋'이라는 공통 특성을 지니고 있다. 그들은 이 같은 특성을 이해함으로써 수 개념을 파악한 것이 아니다. 그들에게 수는 어떤 냄새나 색깔 또는 사물에 대한 지각처럼 그냥 '느껴지는' 것이다. 그러므로 그들이 수를 파악하는 행위는 천부적으로 타고난 수 감각에 따른 것으로 간주해야 한다. 당연히 수 감각은 수 세기나 셈—덧셈과 뺄셈—과는 다르므로 구별해야만 한다.

그 중간 과정에 일대일 대응 방식이 놓여 있다. 일대일 대응 방식이라는 획기적인 발견을 통해 인류는 거대한 도약을 이루게 된다. 그 길은 까마귀보다 그리 낫다고 할 수 없는 보잘것없는 수 감각으로부터 현대 과학문명에 이르는 대장정이었다.

2. 숫자에서 시작된 문명

아라비아 숫자,
최초의 수학 기호

2015년 우리나라의 총수출은 528,758백만 달러였다. 그 규모가 어느 정도인지 알아보는 시도는 접어두자. 숫자를 정확하게 읽는 것도 그리 쉬운 일이 아니니 말이다. 전체를 숫자로만 표기하면 528758000000달러이다. 이를 제대로 읽을 수 있는 사람이 과연 얼마나 될까?

그래서 아라비아 숫자 표기는 다음과 같이 세 자리마다 콤마를 넣게 되어 있다.

528,758,000,000 (달러)

하지만 우리말 숫자 읽기는 네 자리씩 구분해서 단위를 다르게 읽어야만 한다.

5287/5800/0000 (달러)

(5287억 5800만 달러)

이런 번거로움은 어디서 연유하였으며, 왜 시정되지 않는 것일까?

이 책은 음악이 없는 세상을 상상하며 시작하였다. 음악이 없다면 무미건조하고 적막하기 이를 데 없는 삶이 될 것이다. 이어서 숫자가 없는 세상을 상상해보았다. 음악이 없는 세상보다 더 끔찍하다는 것을 강조하기 위해서였다. 숫자가 없다면 인류는 캄캄한 암흑 속의 원시시대에서 벗어나지 못했을지도 모른다. 어쨌든 알파고 같은 인공지능을 포함해 지금 이 순간 우리가 누리는 모든 문명은 숫자가 있었기에 가능했다.

이런 숫자를 우리는 어떻게 배웠고 알게 되었을까? 너무 어린 시절의 일이라 기억이 잘 떠오르지 않을 수 있다. 대부분이 처음에는 1, 2, 3, … 9, 10까지의 수를 어떻게 읽고 말하는가를 배우기 시작했을 것이다. '하나, 둘, 셋, … 아홉, 열'을 읽는 데 어느 정도 익숙해지면, 그 다음은 숫자 쓰기를 배운다. 물론 아리비아 숫자다. 그러니까 아라비아 숫자는 우리가 생애 최초로 접하는 수학기호였던 것이다.

'수'와 '숫자'라는 두 개의 용어는 서로 다른 뜻을 갖고 있다. 따라서 둘을 구별해 사용할 것을 제안한다. 숫자와 수는 각각 영어의 numeral과 number를 번역한 것이다. 당연히 그 의미도 다르다. 숫자는 생각을 기록하는 문자의 일종으로, 우리의 수 개념을 눈으로 볼 수 있도록 표기한 상징 기호다. 생각을 글로 나타낼 수 있게 되면서, 기록한 글은 다시금 새로운 상상력과 사상의 원천이 되었다. 그렇듯이 숫자로 기록된 수 개념은 또 다른 수량적 사고를 전개하는 토대가 되었고, 상징적 기호인 숫자를 조작하면서 새로운 지식을 낳고 축적할 수 있었다. 오늘날의 수학은 그렇게 탄생한 지식의 집합체이다.

상징 기록인 숫자는 여러 형태를 가질 수 있다. 하나의 관념을 표기하는 문자의 종류가 지역에 따라 그리고 문화에 따라 다양하게 나타나는 것과 같은 이치이다. 문자마다 서로 다르게 표기되는 보기는 우리 한글의 '수학'(중국과 일본에서는 数学, 영어권에서는 mathematics, 러시아어로는 математика, 태국에서는 คณิตศาสตร์)이라는 낱말 하나로 충분하다. 상징기호로서의 글자는 지리적 공간에 따라 다를 뿐만 아니라, 시간의 흐름에 따라서도 다른 모양을 갖는다.

국제회의에서 통용되는 언어는 영어가 가장 대표적이고, 스페인어, 프랑스어, 중국어, 독일어 등이 뒤를 잇는다. 많은 나라들이 자신의 언어와 문자를 가지고 있으며, 그래서 같은 언어권 사람끼리만 자유로운 의사소통이 가능하다.

그런 관점에서 본다면 수학의 세계는 완벽하게 세계화를 이룩했다고 할 수 있다. 그것은 전적으로 0, 1, 2, … 9라는 아라비아 숫자 덕택이다. 한자어 六과 로마 숫자 Ⅵ은 대중성이라는 측면에서 결코 아라비아 숫자 '6'을 따라갈 수 없다. '수학은 만국 공용어'라는 말이 공감을 얻는 데 아라비아 숫자도 크게 한 몫을 하였음에 틀림없다.

그렇다면 한반도에 사는 우리는 언제부터 아라비아 숫자를 일상생활에서 거리낌 없이 자유롭게 사용하게 되었을까? 지금부터 반 세기 전인 1960년대만 하더라도 오늘과는 전혀 다른 양상이었다. 1960년 10월 2일자 《조선일보》의 지면을 살펴보자.

제일 상단에 날짜(檀紀四千二百九十三年十月二日)와 발행 호수(第一萬二千十七號)를 표기한 숫자가 눈에 들어온다. 신문지면 번호를 알려주는 '4' 이외에는 모두 한자로 되어 있다. 하단에 위치한 영화 광고란의 숫자 표기는 한자와 아라비아 숫자가 함께 쓰였다. 일부 관람요금과 상영시간이 아라비아 숫자로 표기되어 있다. 하지만 기사 속에 들어 있는 숫자는 한자 일색이다. 당시의 신문이 오늘날과 같은 대중매체라기보다는 식자층을 위한 것이라는 점을 감안하더라도, 아라비아 숫자의 사용이 제한적인 대신 한자가 널리 사용되었음을 알 수 있다.

단순 기록을 위한 것이라면 아라비아 숫자나 한자나 별 차이가 없다. 한자에 익숙한 사람에게는 오히려 한자로 표기된 숫자가 더 편했을지 모른다. 하지만 아라비아 숫자의 장점은 표기하고 식별하는 데 뛰어날 뿐만 아니라, 셈을 위한 도구로서 훌륭하다는 점이다.

예를 들어, 327×53 같은 곱셈의 값을 구하기 위해 한자로 표기된 숫자를 사용한다면 얼마나 불편할지 생각해보라. 三百二十七과 五十三의 곱을 빠르고 정확하게 필산을 통해 답을 얻을 수 있을까? 한자 표기 숫자는 셈을 위한 도구로 아라비아 숫자를 결코 따라올 수 없다.

그 때문인지는 몰라도 당시에는 계산 능력을 매우 중요시하였다. 국민학교(현재의 초등학교)에서는 학생들의 계산 능력을 향상시키기 위해 주산 교육을 별도로 실시하기까지 하였다. 그 여파 때문일까? 여전히 계산 능력을 수학 실력과 동일시하는 분위기가 아직도 사라지지 않았다.

우리는 초등학교 아이들에게 계산 교육을 강요하는 세계에서 몇 안되는 나라 가운데 하나다. 하지만 세상은 변했다. 손 안에 작은 컴퓨터를 들고 다니는 21세기에도 계산 기능을 수학 실력으로 오인하는 것은 수학에 대한 무지일 뿐이다. '수학 실력과 산수 실력은 반비례한다'는 말은 계산에 실수가 잦은 필자가 지어낸 자기변명에 불과하지만, 오늘의 우리 아이들에게는 역설적으로 작은 위안이 될 수 있지 않을까?

문명의 충돌 :
아라비아 숫자와 한자 숫자

　불과 반세기 전만 하더라도 일간지는 0, 1, 2 …가 아니라 一, 二, 三, 四 …와 같은 한자로 숫자를 표기했다. 우리나라에서 숫자 표기 방식이 매우 짧은 시간에 커다란 변화를 겪었음을 알 수 있다. 숫자를 한자로 표기하는 사례를 우리 주위에서 더 이상 찾아보기 어렵게 되었으니 말이다. 하지만 한자어 표기가 눈에 띄지 않는다고 하여 그 흔적까지 완전히 사라진 것은 아니다. 아라비아 숫자 표기와 한자 숫자 표기의 불일치는 우리의 일상적 삶에 여전히 커다란 불편을 가져다주고 있다. 다음의 예를 살펴보자.

　2016년도 우리나라 예산 총액은 대략 386703253932641원
(3867 다음의 숫자들은 필자가 임의로 넣은 것이다)이다. 어떻게 읽
어야 할지 정말 난감하지 않은가. 실제 이를 표기할 때에는 서구
에서 도입된 아라비아 숫자 표기 체계에 의해 아래와 같이 세 자
리마다 콤마를 붙여 사용한다.

　386,703,253,932,641

　세 자리마다 콤마가 붙는 것은 영어식 읽기에서 비롯되었
다. 이 숫자를 영어로 읽으면 386 trillion 703 billion 253 million
932 thousand 641이다. 콤마가 있는 세 자리마다 뒤에서부터
thousand, million, billion, trillion이라는 새로운 단위가 붙는다.
콤마 사이의 세 자리 숫자는 hundred라는 백의 자리에 몇십 몇
을 붙여 읽는 규칙을 갖는다. 예를 들어 386은 3(three) hundred
86(eighty six)로 읽는다. 길이와 무게의 단위인 km와 kg(1km는
1,000m, 1kg은 1,000g)에서도 알 수 있듯이, 1,000을 곱할 때마다
단위가 달라지는 서구인들의 계산방식에서 비롯된 체계이다.

　하지만 우리의 숫자 읽기 체계는 이 같은 표기 방식과는 다
르다. 위의 15자리 수를 읽기 위해서는 다음과 같이 뒤에서 네 자
리마다 끊어서 읽어야 한다.

386,/703,2/53,93/2,641

(386조 7032억 5393만 2641)

'/' 표기는 필자가 임의로 붙인 것이다. 세 자리마다 콤마로 구분되어 있는 숫자 표기와는 별도로, 네 자리마다 끊어서 조, 억, 만 같은 단위를 넣어 읽어야 하는 상황을 보여주기 위해서다. 이 과정이 꽤나 복잡하고 성가신 탓에 이와 같은 큰 수를 읽는 작업은 어른들에게도 결코 쉬운 일이 아니다. 한자어로 숫자를 표기하고 읽던 과거의 유산이기 때문에 어쩔 수 없이 감수해야 한다. 인도에서 만들어져 아라비아와 서구를 거쳐 유입된 0, 1, 2, 3, … 9라는 표기 방식과 우리 전래의 한자어 숫자 읽기 체계의 불일치가 빚어낸 현상이다.

한자어 숫자의 사용 시기는 지금부터 대략 3천 년 전까지 거슬러 올라간다. 고대 중국의 상나라 후반기인 기원전 12세기경부터 사용되었다고 한다. 똑같은 기호가 그렇게 오랜 세월 동안 변함없이 사용된 예는 중국의 한자가 유일하다. 잘 알다시피 상형문자인 한자의 출발은 가리키는 대상의 모양을 상징적으로 그려놓은 기호다.

예를 들어, 사람을 뜻하는 '人'자도 상징 기호이다. 초기 갑골문은 한 사람을 측면에서 바라본 모양을 그렸다. 허리를 굽히고 팔을 펴서 일하는 사람의 모양을 본뜬 것이다. 한자 '人'에 나타난 어떤 대상의 특징적인 모양은 숫자를 표기하는 한자에도 그대로 적용된다.

숫자 1, 2, 3(一, 二, 三)은 하나의 선을 반복하여 그은 모양이다. 아마도 막대기로 수를 세는 관습에서 유래하였거나, 손가락 하나, 둘, 셋의 모양을 의미할 것이다. 나머지 숫자들은 손가락으로 수를 세는 방식을 보여준다.

四의 네모 윤곽은 손바닥을 편 모양이고, 오른쪽 획은 접혀진 엄지손가락, 왼쪽 획은 펼쳐진 네 개의 손가락 모양을 나타낸다.

五는 다섯 개의 손가락 모양이다. 즉 세 개의 손가락 위에 손가락 두 개를 비스듬히 놓은 형태이다.

六은 왼손 엄지손가락을 편 모양이다. 위의 획은 엄지손가락, 바로 밑의 선은 주먹을 뜻하고 그 아래 두 개의 선은 손목을 그린 것이다.

七은 왼손의 엄지와 검지를 편 모양을 뜻한다.

八은 왼손의 엄지와 새끼손가락을 편 상태를 거꾸로 놓은 모양이다.

九는 양팔이 엇갈린 모양을 나타낸다.[1]

한자로 표기된 숫자들은 손가락만이 아니라 손바닥과 손목 그리고 주먹과 팔의 형태까지 소재로 하였다는 특징을 지닌다. 한자를 포함한 중국문명은 이웃나라들에 전파되어 한자문화권을 형성하였다. 우리도 여기에 편입되었으며, 지금까지 한자 체계에 의한 숫자 읽기를 지속해오고 있는 것이다.

---

1   Harald Haarmann, *Universalgeschichte der Schrift*, Frankfurt/New York. 하랄드 하르만, 《숫자의 문화사》, 알마, 2013, 81쪽에서 재인용.

두 개의 수 언어를 배워야 하는
우리 아이들

다음은 2014년《월스트리트 저널》에 게재되었던 기사의 일부이다.

동양인이 서양인보다 수학을 잘하는 이유는 동양인들이 사용하는 언어가 숫자를 읽기에 더욱 적합하기 때문이다. 한국인들은 일, 이, 삼, 사, 오, 육, 칠, 팔, 구, 십이라는 열 개의 단어로 백 미만의 모든 숫자를 표현할 수 있다. 반면 영어로 그 숫자들을 표현하려면 적어도 스물네 개 이상의 단어가 필요하다. 따라서 한자 문화권에 속한 나라의 학생들은 어렸을 때부터 수 세기를 쉽게 익힐 수 있고, 자라서도 수학을 더 잘할 수밖에 없다.

대부분의 사람들은 기사의 내용에 공감하면서 한국어의 우수성에 자부심을 느끼는 것 같다. 정말 그럴까? 다음 그림의 시계가 가리키는 시각을 읽어보라.

어렵지 않게 10(열)시 10(십)분이라고 읽을 것이다. 하지만 숫자를 갓 배우기 시작한 유치원생이나 초등학교 저학년 아이 혹은 우리말을 처음 배우는 외국인 가운데는 10(십)시 10(십)분이나 10(열)시 10(열)분이라고 잘못 말하는 경우를 심심찮게 볼 수 있다.

똑같은 10이라는 숫자라도 시간을 말할 때와 분을 말할 때 읽는 방법이 다르다는 사실을 이해하지 못해 범하는 실수다. 시간을 말할 때에는 한 시, 두 시, 세 시 … 하고 순우리말로 읽어야 하지만, 분을 말할 때에는 일 분, 이 분, … 십 분이라는 한자어를 사용해야 한다. 우리말 수 세기 단어와 한자어 수 세기 단어가 숫자 읽기 방식에 공존하는 이중구조를 보이기 때문이다. 이러한 현상은 우리나라와 일본에서만 발견된다. 원래 있던 토착어와 새로이 도입된 중국의 한자가 충돌하여 나타난 현상이다.

따라서 우리나라 아이들은 수 단어와 수 세기 학습에서 어려움을 겪을 수밖에 없다. 어떤 아이들은 초등학교에 입학한 후에도 다섯(5) 사람을 오(5) 사람이라고 하거나 오(5) 인분을 다섯(5) 인분이라고 말하곤 한다. 맥락에 따른 같은 숫자의 쓰임을 구분하지 못하기 때문이다. 2개(두 개), 2일(이 일), 2자루(두 자루), 2층(이 층), 2장(두 장)은 모두 아라비아 숫자 2로 표기했지만, 상황에 따라서 제대로 정확하게 읽는 방법을 터득하기까지는 꽤 많은 시간과 노력이 요구된다.

아이들이 수 단어를 익히는 과정도 한자어와 우리말 사이에는 커다란 차이를 보인다. 만 두 살 정도 된 아이들은 평균적으로 우리말 수 세기를 '넷'까지 말할 수 있지만, 한자어 수 세기는 '일' 정도만 알고 있다고 한다. 물론 개인차가 있겠지만, 어린 아이일수록 한자어보다 우리말을 더 많이 알고 있는 것은 분명하다. 가족과 함께 지내며 가장 많이 접하는 수 단어가 하나, 둘, 셋 … 같은 순우리말 단어이기 때문이다. '눈은 두 개요, 코는 하나요'라든지 '셋까지 셀 동안 숨 쉬지 말고 참아라' 같은 표현이 그런 예이다. 이처럼 가족과의 일상생활에서 경험하는 수 단어에는 순우리말 빈도가 높다. 일, 이, 삼 … 같은 한자어는 구어보다는 문어에 많이 등장한다. 따라서 문자 해독 능력이 없는 아이들이 한자어 수 세기 단어를 접하는 경우는 그리 많지 않다.

그런데 만 세 살에 이르면 순우리말 단어는 '일곱'까지 그리고 한자어 단어는 '구'까지 확장되고, 만 네 살이 되면 순우리말과 한자어의 습득이 각각 '열'과 '십사'까지, 그리고 다섯 살이 되면 '스물'과 '사십구'까지 말할 수 있는 것으로 밝혀졌다.

만 세 살이 되면 우리말 단어보다 한자어 수 단어를 더 많이 습득하게 되고, 네 살을 지나면서 그 차이가 급격히 벌어지기 시작한다. 다음의 그래프는 이 같은 현상을 잘 보여주고 있다. 그 이유는 어떻게 설명할 수 있을까? 수 단어의 구성에 존재하는 구

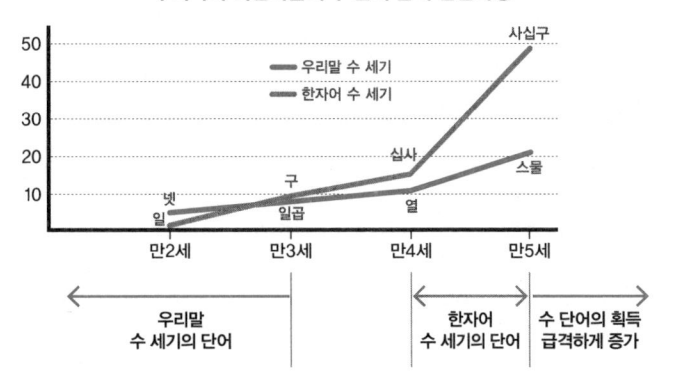

우리나라 어린이들의 수 단어 습득 발달과정

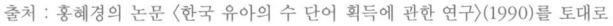

1   출처 : 홍혜경의 논문 〈한국 유아의 수 단어 획득에 관한 연구〉(1990)를 토대로
     필자가 그래프 작성.

조적 차이 때문이라고 풀이할 수 있다.

한자어 수 세기 단어는 일, 이, 삼, … 구, 십까지만 익히면, 그 이후의 수 단어는 규칙에 따라 자동 생성할 수 있다. 20, 30, 40, … 80, 90은 이십, 삼십, 사십, … 팔십, 구십으로 읽는다. 이십은 십이 두 개, 삼십은 십이 세 개, … 구십은 십이 아홉 개이므로, 그 구성이 매우 단순하다. 반면에 순우리말인 스물, 서른, 마흔, 쉰, 예순, 일흔, 여든, 아흔 같은 단어에는 규칙성이 들어 있지 않다. 각각의 단어는 일일이 암기해 따로따로 습득하는 수밖에 없다. 마치 무의미 철자를 익히는 것과 같이 많은 시간과 노력이 요구된다. 실제로 아이들은 서른과 마흔을 잘 혼동하고, 예순과 일흔이라는 단어도 쉽게 구별하지 못한다.

수 단어만이 아니라 이들의 조합에서도 한자어가 훨씬 규칙적이다. 예를 들어 43의 경우를 보자. 십의 자리가 4이므로 십이 네 개 있어 사십이고, 일의 자리는 3이라는 규칙을 적용하면 된다. 사십과 삼, 즉 사십삼이라는 한자어 표현을 쉽게 이해하고 익힐 수 있다. 반면에 순우리말로 43을 읽으려면, 40을 나타내는 새로운 단어인 마흔을 익히고 나서 3을 나타내는 단어인 셋과 결합해 마흔셋이라고 읽어야 한다. 규칙에 대한 이해 못지않게 새로운 단어를 외워야 하는 부담이 따른다. 《월스트리트 저널》의 기사와는 달리 수 단어의 이중구조 때문에 처음 수 세기를 시작하는 우리 아이들은 다른 나라 아이들에 비해 매우 힘든 학습과정을 겪어야 한다.

아리비아 숫자의 정치학

한의학과 서양의학 모두 과학의 발전에 힘입어 높은 수준에 도달했지만, 민간 치료요법이나 사이비 건강식품에 의존하는 사람은 여전히 나타난다. 과학기술의 발전 속도에 비해 이에 부응하는 과학에 대한 인식과 이해가 뒷받침되지 못하기 때문이다. 이와 같이 물질문화와 정신문화 사이에 발생하는 변화속도의 차이에 의해 과도기적 혼란이 빚어지는 현상을 미국 사회학자 오그번(William Fielding Ogburn: 1886~1959)은 문화지체cultural lag 현상이라고 지칭하였다. 아라비아 숫자의 도입과 관련해서도 문화지체 현상이 발생하였음을 역사적으로 확인할 수 있다.

0을 포함하여 오늘날 우리가 아라비아 숫자라고 부르는 수의 체계는 5세기경 북부 인도에서 만들어졌다. 이름 모를 어느 천재에 의해 0이라는 숫자가 발명된 것은 실로 획기적인 사건이었다. 0이 없다면 303과 33을 구별할 수 없다. 0의 도입은 얼핏 보면 간단한 것 같지만, 그야말로 콜럼버스의 달걀이었다. 그 전까지 다른 어떤 문명권에서도 0의 개념을 인식하지 못했다. 인도인들은 이른바 '위치기수법'에 의해 숫자를 표기하였다. 즉 똑같은 숫자 3이 어느 위치에 있는가에 따라 300일 수도 있고 3일 수도 있다는 것, 즉 자리를 정한 위치에 따라 그 값이 정해지는 표기법을 말한다. 위치기수법 덕택에 단 몇 개의 숫자만으로 무한히 많은 수를 나타낼 수 있게 되었다. 아라비아 숫자는 인도와 왕래가 잦았던 아라비아 상인들의 눈에 띄었다. 아라비아인들이 도입해 사용하다가 유럽에 전파하였다. 그런데 유럽에서 널리 사용되기까지는 무려 1천여 년이라는 시간이 필요했다.

오늘날 우리는 아라비아 숫자 없는 세상을 생각할 수조차 없다. 주변 도처에 아라비아 숫자가 범람하고 있다. 마치 산이나 바다, 물, 공기처럼 흔하고 자연스럽다. 하지만 태초부터 있었던 듯이 우리 삶 속에 녹아 있는 아라비아 숫자도 힘겨운 문화투쟁을 통해 편견의 벽을 깨고 세상에 뿌리를 내렸다.

아라비아 숫자는 유럽에 전파되면서 곧바로 대중화된 것이

아라비아 숫자 필산법과 산반파의 대립을 보여주는 16세기 초의 목판화.

아니다. 당시 주판을 사용하는 계산에 익숙했던 전통 보수주의
자들의 만만치 않은 저항을 극복해야만 했다. 힘겨루기는 11세
기에서 15세기에 걸쳐 무려 400년가량 계속되었다. 역사의 흐름
에서 항상 볼 수 있는 반동 세력의 저항이 아라비아 숫자의 도입
과정에서도 어김없이 나타났던 것이다. 심지어 아라비아 숫자를
전혀 사용하지 못하게끔 법으로 금지하는 지역도 있었다. 이탈

리아 고문서 보관소에 쌓여 있는 기록에서 상인들이 일종의 비밀부호로 아라비아 숫자를 사용했다는 증거가 발견된 것으로 보아, 한때는 몇몇 개혁적인 상인들 사이에서만 통용되었음을 알 수 있다.

위의 판화는 아라비아 숫자를 둘러싼 당시 유럽 사회의 단면을 고스란히 담고 있다. 그레고르 라이쉬라는 수도사가 1503년에 펴낸 《마르가리타 필로조피카》Margarita Philosophica라는 책에 수록된 목판화다. 《마르가리타 필로조피카》는 청소년을 위해 저술한 일종의 백과사전인데, 우리말로 옮기면 '지혜의 보석'쯤 된다.

그림의 왼쪽은 아라비아 숫자를 사용하여 계산하는 모습이다. 소위 알고리스트algorist를 상징하는 당시의 수학자 보에티우스를 모델로 그려 넣었다. 오른쪽은 산반(주판)을 사용하여 계산하는 모습이다. 아바시스트abacist를 상징하는 피타고라스가 모델이다. 산술arithematicae을 상징하는 여신이 두 사람 사이에 자리 잡고 있다.

알고리스트는 알고리즘에서 파생된 용어로 정해진 일련의 절차를 거쳐 문제를 해결하는 것을 말한다. 예를 들어 128×3 같은 곱셈은 128 각 자리의 숫자에 3을 곱하여 합을 구하는데, 그 절차가 알고리즘의 일종이다. 따라서 수학을 배우는 것은 이러한 알고리즘을 익히는 것이라 할 수 있다. 반면에 아바시스트는 산반(주판)을 뜻하는 아바쿠스abacus에서 파생된 것으로, 전문적으로 계산하는 직업에 종사하는 사람들을 말한다. 당시 유럽에서 계산을 능숙하게 처리하는 아바시스트의 위상이 어떠한지를 보여주는 다음과 같은 일화가 전해 내려온다.

15세기경의 일이다. 자기 아들에게 사업을 물려주기를 원한 부유한 독일 상인이 있었다. 그는 자신이 갖지 못한 계산 능력의 중요성을 잘 깨닫고 있었다. 그래서 저명한 아바시스트를 찾아가 아들의 교육을 부탁했다. 그러자 그 전문가는 다음과 같이 자문했다고 한다.

"덧셈과 뺄셈만 배우고자 한다면, 시간이 어느 정도는 걸리겠지만 여기 독일에서도 충분합니다. 하지만 곱셈과 나눗셈 같은 교육을 받으려면 이탈리아로 유학을 떠나는 것이 좋습니다. 물론 아들의 능력이 따라준다면 말이죠."

당시 유럽에서 통용된 숫자 표기가 로마 숫자였음을 미루어 볼 때, 그 전문가의 조언은 전혀 허풍이 아니었다. 예를 들어, 121+94라는 간단한 덧셈을 상정해보자. 로마 숫자로 표기하면 121은 CXXI, 94는 XCIV가 되니, 로마 숫자로 셈을 하는 것이 얼마나 난해한 작업인지 충분히 이해할 수 있을 것이다.

아라비아 숫자가 도입되면서 더 이상 주판이라는 도구를 사용하지 않고 오로지 필산으로 계산할 수 있게 되었다. 이것은 오늘날 모바일폰을 가지고 다니면서 인터넷을 통해 필요한 정보를 언제든 이용할 수 있게 된 것보다 훨씬 커다란 변화였다.

아라비아 숫자의 도입을 통해 아바시스트가 독점하고 있던 계산술의 대중화라는 발판이 마련되었다. 하지만 세상은 하루아침에 바뀌지 않는다. 별것 아닌 지식이었음에도 불구하고 그것을 자신들의 권력과 재화를 유지하는 수단으로 삼았던 기득권층의 반발이 없을 리 없었다. 이를 극복하기까지 무려 400여 년의 시간이 흘러야 했고, 그러고 나서 비로소 아라비아 숫자가 유럽 사회에 정착할 수 있었다.

위의 목판화는 그런 시대적 배경에서 탄생한 것이다. 주판을 사용하여 계산하는 전문가인 아바시스트와 새로운 아라비아 수 체계를 사용하여 계산하는 알고리스트 사이에 누가 더 우월한가를 놓고 논쟁을 벌이는 상황이 그림에 나타나 있다. 그림에서 여신의 표정에 주목해보라. 여신은 피타고라스가 아닌 보에티우스에게 미소를 짓고 있다. 이 목판화가 만들어질 무렵의 유럽에서는 주판보다 아라비아 숫자를 사용하는 계산법이 차츰 각광 받게 되었음을 미루어 짐작할 수 있다.

그런데 19세기 들어 서유럽에 주판이 다시 등장하는 사태가 벌어졌다. 나폴레옹의 정복 야욕에서 빚어진 일종의 해프닝이었다. 나폴레옹이 러시아를 침공할 때 당시 장군으로 임명되었던 수학자 퐁슬레가 러시아 군에 생포되어 포로로 잡혀 있었다. 나중에 그가 프랑스로 송환될 때 러시아의 여러 물건을 가져왔는데, 그 중의 하나가 러시아 주판이었다. 수학자였던 퐁슬레의 눈에 띄었던 것이다. 당시 프랑스인을 비롯한 서유럽인들은 소위 '야만인'들의 진기한 물품이라며, 주판을 러시아를 조롱하는 하나의 가십거리로 삼았다. 자신들 역시 불과 300년 전만 하더라도 겨우 손가락셈이나 하다가 복잡한 계산은 주판을 사용하는 아바시스트에 맡기지 않았던가. 과거에 대한 이런 집단 기억상실증은 인간의 역사에 종종 나타나기 마련인데, 수학의 역사에서도 예외가 아니다.

0, 1, 2, … 9라는 단 열 개로 구성된 아라비아 숫자는 그저 단순히 숫자를 표기하는 데 머물지 않았다. 몇몇 사람에게 독점되어 있던 계산법이라는 수학적 기능을 대중화하는 데 이바지하였던 것이다. 스마트폰이라는 소형 컴퓨터를 손에 들고 다니는 오늘날에는 필산에 의한 계산 기능마저 별로 쓸모없게 되었지만 말이다. 그럼에도 여전히 빠른 계산을 아이들에게 강요하는 우리의 상황은 아라비아 숫자의 도입을 외면한 채 주판에 집착하던 그 옛날의 유럽과 그리 다르지 않은 것 같다.

숫자라고 모두 같을까

수와 숫자가 없는 세상은 상상할 수 없다. 겉으로 보이는 것을 포함하여 잘 드러나지 않는 현대생활의 거의 모든 영역에 숫자가 들어 있거나 숫자에 의해 만들어지고 유지된다. 요람에서 무덤까지 우리의 삶은 숫자로부터 벗어날 수 없다. 이 모든 것은 아주 먼 옛날 황량한 들판에서 원시생활을 하던 그 누군가가 나무판자나 동물 뼈에 선을 그으면서 시작되었다. 수량을 헤아리기 위해 새로운 발상을 하는 그 순간은 곧 인류 문명이 시작되는 놀라운 순간이었다. 숫자의 원조라고 할 수 있는, 비뚜로 새겨진 태

곳적의 그 선들이 오늘날의 화성 탐사선과 알파고를 낳은 모태였다. 이는 결코 과장이 아니다. 그렇게 숫자는 인류 문명의 필연적인 주춧돌이 되었다.

음악의 종류가 다양한 것처럼 숫자라고 모두 같은 것은 아니다. 숫자에도 여러 종류가 있다. 매일같이 곁에 있고 늘 접하기 때문에 매우 잘 안다고 여길 수 있지만, 실제로는 그렇지 않다. 같은 숫자라도 서로 다른 다양한 의미를 갖고 있다는 사실을 다음 문장에서 확인할 수 있다.

5호선 지하철 여의도역에 막 도착한 6대의 객차 중 3번째 차량에 앉았다. 가방에서 책을 꺼내어 82쪽부터 읽기 시작하였다. 내릴 때까지 모두 15쪽을 읽었다. 7시 32분에 출발한 전철은 32분이 지나서 목적지에 도착하였다.

문자와 구별되는 여러 개의 숫자들이 들어 있다. 이들은 각기 서로 다른 의미를 갖는다. '5호선 지하철' '6대의 객차' '3번째' '82쪽' '15쪽' 등에 사용된 숫자는 서로 다른 종류의 숫자들이다. 차례로 검토해보자.

우선 '5호선'의 5는 다른 여타의 숫자와 구별되는 독특한 종류의 숫자이다. 수량적 의미가 전혀 들어 있지 않기 때문에, 수학에서 다루는 일반적인 숫자가 아니라는 사실을 쉽게 간파할 수 있다. 5호선이 2호선보다 노선의 길이가 더 긴 것도 아니고, 7호선보다 요금이 더 저렴한 것도 아니다. 숫자의 크기를 따지는 것조차 가능하지 않다. 물론 5호선의 5를 매개로 덧셈을 포함하여 어떤 연산을 행한다는 것도 어불성설이다. 5호선 옆에 6호선이 있는 것도 아니다. 4호선을 타고 나서 반드시 5호선을 타야 하는 것도 아니므로, 순서와도 전혀 관계가 없다.

지하철 노선을 가리키는 2호선, 5호선, 7호선 등에 표기된 숫자는 단지 각각의 노선을 구별하기 위한 기호에 불과하다. 어느 방향으로 가는지 각각의 노선을 분간할 수 있도록, 그래서 가고자 하는 목적지에 적합한지 판단할 수 있도록 사용되었을 뿐이다. 다른 숫자나 기호를 숫자 대신에 사용해도 무방하다. 이와 비슷한 용도로 사용되는 숫자의 예를 경기장에서 뛰고 있는 농구 선수나 축구 선수의 등번호에서 찾을 수 있다. 대상을 구별하기 위해 마치 이름처럼 사용된 숫자들이어서, 이런 종류의 숫자를 명명수라고 부른다. 전화번호, 자동차번호, 주민등록번호, 텔레비전 채널 번호 등은 모두 명명수인 셈이다.

다음 '6대의 객차'에 보이는 6이라는 숫자에는 어떤 의미가 들어 있을까? 물론 명명수는 아니다. 6대의 객차는 5대의 객차보다 많으며, 여기에 2대의 객차를 덧붙여 8대의 객차를 만들 수 있다. 3대의 버스, 5인 가족, 연필 4자루, 공책 3권, 인형 3개 등에 사

용된 숫자들은 하나의 집합을 구성하는 원소의 개수를 나타낸
다. 6대 객차의 집합과 6인 가족의 집합은 전혀 다른 대상으로 구
성된 서로 다른 집합이지만, 하나의 공통점을 갖는다. 추상적 개
념인 '6'이라는 수량적 속성이다.

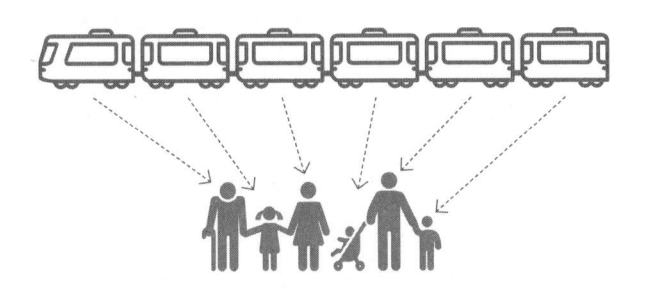

6이라는 수량적 개념을 확인할 수 있는 방법이 그림에 제시
되어 있다. 두 집합 각각의 원소 하나씩 서로 짝을 짓는 것이다.
앞에서 언급한 일대일 대응에 의한 짝짓기다. 객차와 사람이라
는 각 개체 사이의 차이점은 무시하고 오직 '6'이라는 수량에만
주목하는 방법이다. 남자 3명과 여자 3명 사이의 성별의 차이, 빨
간 풍선 4개와 파란 풍선 4개 사이의 색깔의 차이, 호랑이 5마
리와 닭 5마리 사이의 동물 종류의 차이도 마찬가지다. 서로 다
른 대상임에도 불구하고 짝짓기를 통해 일대일 대응이 가능하
다. 이 과정에서 동일한 개수로 구성된 집합이라는 사실을 파악
한다. 즉 '몇 개인가?'라는 질문에 답하기 위해 두 집합의 수량적
속성에만 주목하는 것이다. 바로 이 점을 깨닫기 시작하면서 인

류의 수 개념이 형성될 수 있었다. 이와 같이 하나의 집합을 구성하는 원소들의 개수를 기수基數라고 한다. 아이가 태어나 수 세기를 배우면서 처음 접하는 종류의 수 개념이다. 사람들에게 수가 무엇이냐고 물었을 때 가장 많이 떠올리는 가장 친숙한 수 개념이기도 하다. 하지만 수 개념에는 전체 개수를 파악하는 기수만 있는 것은 아니다.

또 다른 종류의 수를 알아보기 위해 '3번째 차량'에 있는 숫자 3에 주목하자. 이 숫자는 명명수도 아니고, 그렇다고 어떤 집합의 크기인 원소의 개수를 나타내는 기수도 아니다. 3번째의 3은 그 대상이 어느 위치에 있는가를 파악하는 숫자이다. '**아파트 201동' '○○호텔 606호' '◇◇빌딩 7층'과 같이 모두 어떤 체계에 따라 어느 위치에 있는지 순서를 말해준다. 그래서 이들을 모두 '순서수'라고 부른다.

순서수라고 하여 항상 '…번째'나 '…번' 같은 단어가 연결될 필요는 없다. 위에 제시된 문장에서 '82쪽'과 '15쪽'을 예로 들어보자. '82쪽'은 한 권의 책 속에서 어떤 위치에 해당하는지를 알려주는 숫자이다. 82쪽이라 하여 82장의 사진이 있는 것도 아니고, 글자의 개수가 82개인 것도 아니다. 전체 개수를 뜻하는 기수의 개념을 적용할 수 없다는 것이다. 실제로 82쪽은 한 쪽짜리에 불과하다. 81쪽 다음과 83쪽의 앞에 있다는 사실을 말하고 있다. 따라서 순서수이다. 하지만 "모두 15쪽을 읽었다"고 할 때의 15는 읽은

쪽수의 전체 양을 뜻하므로, 기수이다. 이와 같이 기수와 순서수
는 겉으로 드러난 숫자가 아니라 주어진 맥락에 의해 파악되어야
한다.

마지막 문장 "7시 32분에 출발한 전철은 32분이 지나서 목
적지에 도착하였다"를 살펴보자. 32라는 두 개의 숫자는 그 의미
가 다름을 이제 이해할 수 있을 것이다. 목적지까지 걸린 32분이
라는 시간은 수량 전체를 알려주는 기수 개념이다. 하지만 '7시
32분'의 32는 순서수이다. 7시 32분의 1분 전은 7시 31분이고, 1
분 후는 7시 33분이기 때문이다.

일반적으로 우리는 순서수보다는 어떤 집합의 크기를 말하
는 기수를 더 친숙하게 여기는 경향이 있다. 수 세기를 시작하며
처음 접하는 수인데다, 학교교육에서 순서수를 별로 강조하지 않
기 때문이다. 하지만 일상생활에서는 기수보다 순서수를 더 많이
접하게 된다. 앞서 예를 든 아파트 동수와 방 번호뿐 아니라 달력
의 날짜, 은행 대기 번호표에 적힌 번호, 그리고 시각을 나타내는
수들이 모두 순서수이다. 지금 당장이라도 하루 일과를 되짚으
며 경험한 숫자들을 나열해보라. 몇 개인지를 알려주는 기수보다
는 어느 위치에 있는가를 말해주는 순서수가 더 많음을 발견할
것이다. 하지만 순서수가 중요한 또 다른 이유가 있다. 순서수의
개념이 확립되어야 연산이 가능하기 때문이다. 수학의 기초는 기
수가 아니라 순서수이다.

순서수, 연산의 기초

수량의 변화를 감지하는 '수 감각'은 선천적으로 타고난 것
이다. 하지만 개수가 몇 개인지 헤아리는 셈은 천부적인 능력이
아니다. 동물도 우리 인간과 같이 수 감각을 어느 정도 가지고 있
음은 앞에서 살펴보았다. 그렇다고 우리처럼 셈을 할 수 있는 동
물은 없다. 셈은 오직 인간만이 가능한 매우 복잡한 지적 활동을
거쳐야만 그 결과를 얻을 수 있기 때문이다. 아이의 발달 단계에
서도 수 세기는 수 감각과 달리 한참 뒤에 형성된다. 여기서 잠깐
아이의 수 세기 발달 과정을 들여다보자.

'몇 개인가?'라는 물음에 답을 하는 수 세기 행위는 몇몇 단순한 활동이 결합되어야만 가능한 복합적인 정신활동이다. 우선 세려고 하는 대상 하나하나마다 수 세기 단어를 일일이 짝짓기할 수 있어야 한다. 그것이 가능하기 위해서는 하나, 둘, 셋, 넷 … 같은 일련의 수 세기 단어목록을 익혀야 한다. 뿐만 아니라 순서대로 빠뜨리지 않고 말할 수 있어야 한다. 하지만 그렇다고 하여 '개수 세기' 능력을 갖추었다고 말할 수는 없다. '수 단어 말하기'가 곧 '개수 세기'를 보장하는 것은 아니다.

'개수 세기'의 마지막 단계는 수 단어를 말할 때 마지막 수 단어가 전체 개수를 가리킨다는 사실을 이해하는 것이다. 마지막 수 단어에 특별한 의미가 있다는 사실을 이해하는 것이 어른들에게는 아무 것도 아닌 것처럼 보인다. 무의식적으로 행하기 때문이다. 하지만 아이들에게는 무척이나 어려운 일이다. 다음의 예를 보자.

엄마가 식탁 위에 있는 접시를 보고 세 살짜리 서연이에게 묻는다.

"여기 있는 접시가 모두 몇 개이지?"

"하나, 둘, 셋, 넷, 다섯. 5개요."

엄마는 서연이와 함께 거실로 간다. 그리고 서연이에게 부탁한다.

"서연아, 식탁 위에 있는 접시 다섯 개를 가져다주겠니?"

식탁으로 간 서연이, 그런데 아까 세었던 다섯 번째 접시만 가져오는 것 아닌가.

"모두 몇 개인가?"라는 질문에 정답을 맞혔다고 하여, '개수 세기'를 할 수 있다고 말할 수는 없다. 서연이는 단지 '몇 개인가'라는 질문에는 마지막에 세어본 수를 답하면 된다는 것을 알았을 뿐이다. 그것이 세기의 대상이 된 전체를 말하는 것이라는 보다 추상적인 개념까지는 이르지 못했다. 그래서 '접시 5개'라는 말을 5번째 접시를 가리키는 것으로 받아들였던 것이다.

수 세기 단어 말하기가 '개수 세기'라는 수학적 능력으로 전환되지 않았음을 보여주는 사례이다. 함께 모아놓은 어떤 대상을 차례로 세어갈 때 마지막 수 단어가 전체 개수임을 우리는 잘 알고 있다. 마지막 단어를 말하는 순간이 단순 수 세기에서 '개수 세기'로 그 의미가 전환되는 단계이다. 서연이가 '개수 세기'를 할 수 없었던 이유는 무엇 때문일까?

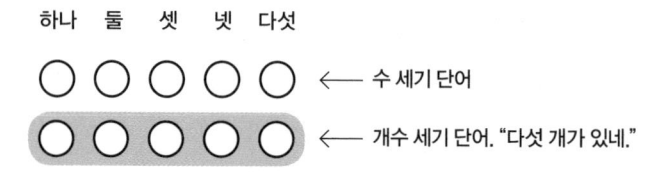

위의 그림을 보고 '하나, 둘, 셋, 넷, 다섯'이라고 말하는 것은 머릿속에 암기하고 있던 수 세기 단어를 나열하는 것에 불과하다. 이때 마지막으로 말한 단어 '다섯'은 나열되어 있는 접시 가운데 마지막 대상인 단 한 개의 접시만을 가리킨다. 전체 개수를 파악하기 위해서는 그림의 아랫부분에서와 같이 숫자를 헤아린 접시 전체를 하나의 묶음으로 다시 인식하는 안목을 가져야만 한다. '다섯'이라는 똑같은 단어가 마지막 대상 하나를 가리킬 수도 있지만, 전체 묶음을 나타내는 개수를 뜻한다는 인식의 전환이 필요하다. 그래야만 모두 몇 개인가에 대한 정확한 기수 개념이 확립된다.

개수 세기가 가능한 어른에게서는 이 과정이 매우 빨리 자동화되어 진행된다. 그래서 그런 복잡한 과정이 자신의 머릿속에서 진행되고 있다는 사실조차 깨닫지 못한다. 하지만 '개수 세기'를 처음 접하는 아이들은 수많은 시행착오와 반복 경험을 거쳐야 비로소 이 같은 능력을 습득할 수 있다. 아이가 최초로 형성하는 수학적 개념이기도 하다.

여기서 우리가 주목해야 할 것은 이 과정에서 나타나는 기수와 서수 개념이다. 어른들은 기수와 서수 사이를 자유롭게 오고갈 수 있기 때문에, 굳이 더 이상 구분하지 않는다. 전체 개수를 알고자 할 때, 즉 주어진 대상들의 집합에 대한 기수를 결정하고자 할 때, 그냥 세어보면 되기 때문이다. 그래서 이 과정 속에 순서수라는 매우 중요한 개념이 들어 있다는 사실을 알아차리지 못하고 넘어간다. 하나, 둘, 셋 … 이렇게 차례로 세어갈 때에 각각의 단위가 연속적으로 서열화되어 있음을 지나치는 것이다.

1에서 출발하여 다음 수가 차례로 이어지는 자연수만의 특성은 매우 중요하다. 이를 두고 독일의 철학자 쇼펜하우어는 '모든 자연수는 자신보다 앞선 수가 있기에 존재할 수 있다'고 표현했다. 어떤 자연수 바로 앞에는 다른 자연수가 있고(1은 제외), 그 바로 다음에 또 다른 자연수가 있다는 의미다. 너무도 당연한 것 같지만, 이런 성질은 오직 자연수에만 나타난다. 유리수나 무리수 같은 실수에는 이런 성질이 들어 있지 않다. 수를 배우는 아이가 이런 개념을 깨닫기까지는 많은 시간이 요구된다. 순서수 개념에 나타나는 이 연속성이야말로 다름 아닌 산술의 토대이다. 실용적인 면에서는 모두 몇 개인지를 알려주는 기수가 중요한 것 같지만, 서수가 없다면 연산은 불가능하다. 각 대상의 짝을 짓는 일대일 대응에 의한 기수만으로는 연산을 행할 수가 없다. 어떤 수에서 그 다음 연속되는 수로 이행하는 서수 개념이 함께해야만 연산이 가능하다. 따라서 일대일 대응에 의한 기수와 연속성에 의한 서수는 수학을 구성하는 씨줄과 날줄이다.

3. 자연수는 정말 자연스러운가

0은 왜 자연수가 아닐까

1, 2, 3, 4, ⋯ 100 ⋯

학교에 입학하기 전부터 배우는 가장 친근하고 익숙한 자연수이다. 인간이 가장 먼저 찾아낸 수도 자연수다. 그런데 우리 인간이 자연수를 찾아냈다고 말하는 것이 정말 옳은 것일까? 찾아냈다거나 발견했다기보다는 발명했다고 말하는 것이 더 적절하지 않을까?

자연수를 발견했는지 아니면 발명했는지를 둘러싸고 논란

의 여지가 있지만, 아주 먼 옛날 우리의 선조들은 밤하늘의 수많은 별을 보다가 혹은 자신들이 기르던 가축들을 보다가 개수를 헤아릴 필요성을 느꼈을 것이다. 그 수단을 모색하는 과정에서 자연스럽게 수 개념을 떠올렸을 것이다. 그래서 자연수라고 부르는지는 알 수 없지만, 분명 인간이 만들어낸 수임에는 틀림없다. 다만 그 이름 때문에 대부분의 사람들은 우주가 탄생하던 태초부터 자연수가 존재하였고, 따라서 자연수 개념은 선천적으로 타고나는 것이라고 생각하게 된 것 같다. 하지만 앞에서도 보았듯이 수(자연수) 개념은 선천적이지 않다.

19세기 독일 동물학자 헤켈의 말을 떠올려보자. "개체 발생은 계통 발생을 따른다"는 선언을 통해 발생 반복의 법칙을 세상에 내놓은 사람이다. 진화론을 토대로 한 그의 이론을 전적으로 수긍하는 것은 아니지만, 그리 터무니없어 보이지는 않는다. 하나의 수정란이 개체(성인)로 자라나는 과정을 단세포생물에서 다세포생물인 사람으로 진화하는 계통 발생에 연관 지어 설명한다. 그렇다면 인류의 수 개념 형성 과정을 추적하기 위해 갓난아기의 성장과정을 살펴보는 시도도 충분히 의미가 있을 것이다.

발달심리학자들에 따르면, 갓난아이의 경우 태어난 지 얼마 되지 않아도 하나와 다수를 구별할 수 있다고 한다. 생후 4개월에서 6개월에 이르면 하나와 둘, 그리고 둘과 셋이라는 수 감각을 갖게 된다. 이 과정을 면밀히 관찰할 필요가 있다. 인류의 수 개념

형성 과정을 푸는 실마리를 얻게 될지 모른다. 영아나 유아의 수 세기 형성과정을 주제로 다루자는 것은 아니다. 다만 한 가지는 주목하고 넘어가자. 아기가 맨 처음에 뭔가를 세려고 할 때는 눈에 보이는 것을 대상으로 한다는 점이다. 보이지 않는 것을 어떻게 헤아릴 수 있느냐고? 어쩌면 너무나 당연한 사실을 이야기하는 것으로 비칠 수도 있겠다. 하지만 수 개념이 형성되고 나면 눈에 보이지 않는 것을 헤아리는 게 가능하나. 눈에 보이는 대상에서 차츰 눈에 보이지 않는 대상으로 헤아리는 범위가 확대되어 간다. 다음은 네덜란드의 마리아라는 수학교육학자가 유아의 수 인식 과정을 관찰한 사례다.

아도와(21개월)는 둘을 셀 수 있다. 그 대상은 테이블 위에 있는 접시, 마당에 있는 장난감 자동차, 방안에 있는 사람처럼 주변에 있는 것들이다.

어느 순간 아도와는 멀리 떨어져 있는 물체 사이에도 이런 관계가 존재한다는 사실을 인지한다. 2층 장난감 방에 있는 아도와는, 그곳에 있는 TV를 보고 이렇게 말한다.

"TV가 두 대예요, 두 대."

장난감 방에는 TV가 한 대밖에 없다. 하지만 아도와는 1층 거실에도 TV가 한 대 있기 때문에, TV가 모두 두 대라고 말하는 것이다.

보이지 않는 것을 머릿속에 그리며 셈할 수 있다는 것은 수 개념이 형성되었다는 증거다. 하지만 수 개념의 형성 초기부터 그럴 수 있는 것은 아니다. 볼 수 없는 것은 셀 수 없으며, 세려는 시도조차 하지 않는다. 그래서 0은 처음부터 자연수가 아니었고, 자연수는 0이 아닌 1부터 시작한다. 보이지 않는 대상을 헤아릴 수 없었다는 것은 수 개념이 인간의 선천적인 능력이 아니라는 사실을 다시 한 번 확인해준다. 또한 0이라는 숫자가 가장 마지막에 만들어졌다는 증거이기도 하다.

자연에 존재하고 있던 수를 우리 인간이 어느 날 갑자기 발견했다고는 볼 수 없다. 필요에 의해 그런 수 개념을 고안했을 뿐이다. 최초의 수인 자연수는 이렇게 일상적 삶의 대상을 추상화하는 과정에서 자연스럽게 만들어진 인공물이라는 견해가 더 설득력 있다.

하지만 많은 수학자들은 이런 주장에 동의하지 않는 것 같다. 그들은 아직도 유명한 수학자 크로네커의 다음과 같은 명언을 전적으로 신봉한다.

"자연수는 신이 창조했다. 그 나머지 수는 인간이 만든 것이다."

크로네커의 주장을 지지하거나 반박하는 시도는 더 이상 하지 않을 것이다. 다만 그가 왜 유리수나 무리수 또는 허수 같은 다른 종류의 수들과 차별을 두고 유독 자연수만을 조명했는지에 대해 생각해보자. 다른 종류의 수와 구별되는 자연수만의 독특한 성질 때문은 아닐까?

자연수만의 독특한 성질

유리수나 실수 같은 다른 종류의 수와 구별되는 자연수만의 고유의 성질은 그렇게 복잡하지 않다. 대부분은 자연수의 세계를 접하고 이해해가는 도중에 어렴풋이 느낄 수 있다.

한창 수를 배우는 다섯 살배기 아이가 이런 말을 한다.

"아빠, 세상에서 가장 큰 수는 없어."

"그걸 어떻게 알지?"

"아빠가 그런 수를 말해봐. 난 그 수보다 1이 더 큰 수를 말할 수 있거든."

이 아이는 아주 뛰어난 수학적 감각을 지닌 아이다. 아이의 말을 좀 더 세련되게 다듬어서 다음과 같이 기술하자.

"아무리 큰 자연수가 있다 하더라도, 그 수보다 더 큰 자연수가 존재한다."

가장 작은 자연수는 1이지만, 가장 큰 자연수는 없다는 것이다. 자연수의 개수는 무한이라는 것이다. 물론 아이가 아빠에게 그런 말을 하였다고 하여, 무한이라는 용어와 그 뜻을 분명하게 파악한 것은 아니다. 하지만 수학을 갓 접한 단계에서 무한의 세계가 존재함을 어렴풋이나마 느끼고 있음은 분명하다. 다시 한번 "개체 발생이 계통 발생을 반복한다"는 헤켈의 견해를 떠올려보자. 먼 옛날 우리 선조들도 자연수 개념을 형성하는 과정에서 무한의 세계로 들어가는 문턱을 디뎠으리라는 추측이 가능하다. '자연수는 끝이 없다'는 결론을 얻으며, 동시에 무한이 무엇인지 감을 느낄 수 있었다.

이제 자연수가 그 밖의 다른 수들, 즉 유리수나 무리수 또는 복소수 등과 구별되는 독특한 성질이 무엇인지 생각해보자. 그것은 '어떤 특정한 자연수 바로 앞의 수가 무엇이며, 주어진 그 자연수 바로 다음의 수가 무엇인지를 분명하게 말할 수 있다'는 것이다. 물론 이러한 자연수의 성질은 0과 음의 정수를 포함한 정수의 세계에도 적용된다. 왜냐하면 자연수와 정수 사이에는 일대일 대응 관계가 성립하고, 따라서 같은 구조를 갖는 것으로 간주되기 때문이다. 이 부분은 〈에필로그〉에서 자세히 설명하였다.

주어진 자연수 바로 앞의 자연수와 바로 그 다음의 자연수가 무엇인지 말할 수 있다는 것이 뭐 그리 대수일까 하는 의문이 들 수도 있다. 예를 들어, 자연수 3 앞에 자연수 2가 있고, 그 뒤에 자연수 4가 있다는 것은 너무 당연해 보인다. 하지만 자연수가 아닌 다른 수의 세계에서는 이런 성질이 나타나지 않는다.

유리수의 경우를 살펴보자. 예를 들어, 유리수 $\frac{1}{5}$ (=0.2) 바로 앞에 있는 유리수와 그 다음의 유리수가 무엇인지 말할 수 있을까? 불가능하다. $\frac{1}{5}$ 다음의 유리수를 $\frac{1}{4}$ (=0.25)이라고 해보자. 두 수의 평균을 구하면 다음과 같다.

$$\frac{\left(\frac{1}{5} + \frac{1}{4}\right)}{2} = \frac{9}{40}$$

두 수의 평균값이 $\frac{9}{40}$ (=0.225)이므로 이를 수직선 위에 나타내보자. $\frac{1}{5}$ 을 점 A, $\frac{1}{4}$ 을 점 B라 하면 $\frac{9}{40}$ 를 나타내는 점 C는 두 점 A와 B의 중앙에 위치한다. 같은 방식으로 반복하면, 점 A와 점 C의 또 다른 중점인 D($\frac{17}{80}$ =0.2125)를 만들어낼 수 있다. 점 A와 점 D 사이에서도 이 같은 행위는 무한히 반복될 수 있다. 즉, $\frac{1}{5}$ 바로 다음의 유리수가 무엇인지 찾을 수 없다. 수학 용어로는 '유리수의 조밀성'이라고 한다. 유리수들이 수직선 위에 너무나 촘촘히 들어 있어 조밀하다고 표현한 것이다.

'유리수의 조밀성'을 보여주는 수직선.

어떤 두 유리수를 선택하더라도 그 사이에 무수히 많은 유리수가 존재한다는 '조밀성'은 유리수뿐만 아니라 무리수에도 그대로 적용된다. 다름 아닌 실수 전체에 적용되는 성질이다.

그렇다면 이 조밀성은 복소수의 세계에도 적용될까? 유감스럽게도 복소수의 세계에서는 어떤 수 바로 다음의 수나 바로 앞의 수가 무엇인지도 알 수 없다. 복소수의 세계에서는 크기를 비교한다는 것이 원천적으로 불가능하다. 어떤 복소수가 다른 복소수보다 크거나 또는 작다는 개념 자체가 아예 존재하지 않는다. 따라서 조밀성 논의는 의미가 없다. 더 상세한 논의는 '잃어버린 수학을 찾아서' 시리즈 2권 《계산 천재 수학 바보》에서 다루고 있다.

다시 자연수의 세계로 돌아오자. 어떤 자연수의 바로 앞 또는 바로 다음의 자연수가 무엇인지를 말할 수 있는 것은 오직 자연수만이 갖고 있는 성질이다. 각 단위가 연속해 있기 때문에 하나, 둘, 셋 … 처럼 수 세기를 할 수 있다.

세상 사람들 대부분은 실용적인 것에 보다 많은 관심을 기울인다. 몇 개인가 또는 계산을 한 값은 얼마인가 같은 문제의 답을 얻는 것으로 만족한다. 그런데 간혹 또 다른 부류의 사람들은 세상에 발을 딛고 있으면서 머리는 하늘 위를 넘나든다. 자연수를 일상적 삶에 적용하여 수 세기를 하는 데 만족할 수 없었던 그들은 몽상가였다. 그런 몽상가를 수학자라 한다. 수학자들은 구체적인 사물에서 추상화된 수 개념을 자연수라고 불렀고, 거기서 한 걸음 더 나아갔다. 자연수 자체의 또 다른 추상화를 시도한 것이다. 그 결과 앙상하고 메마른 골격을 지닌 더 이상 자연수라고 할 수 없을 정도의 괴물이 태어났다. 이를 주도한 인물은 이탈리아 수학자 주제페 페아노Giuseppe Peano이다.

페아노의 공리

이제부터 전개되는 내용은 대단히 건조하고 딱딱하다. 수학이라는 학문이 무엇인지 그 실체를 실감할 수 있을 것이다. 그만큼 내용의 난이도도 만만치 않다. 만든 사람의 이름을 딴 '페아노의 공리'를 굳이 소개하는 것은 연역적 학문인 수학의 공리 체계를 이해하는 데 그나마 간단(?)한 내용이기에 그렇다. 내용 가운데 이해하기 어려운 수식을 접한다면 건너뛰어도 좋으니, 부담감을 갖지 않기 바란다.

우선 페아노가 만든 다섯 개의 공리를 소개한다. 이들 공리는 '자연수란 무엇인가?'에 대한 페아노의 수학적인 답이다. 여기에는 자연수 고유의 특징이 고스란히 담겨 있다. 수학 기호에 익숙하지 않으면, 설명만 읽어도 된다. 페아노의 다섯 개의 공리(PA로 표기한다)는 다음과 같은 무시무시한 기호로 구성되어 있다.

PA 1 : 이 집합 N은 단위원소 1을 포함한다. ($1 \in N$)

PA 2 : 이 집합 N의 어떠한 원소 x에 대해서도 'x의 다음'이라고 불리는 x^+가 집합 N에 포함된다.

PA 3 : 1은 어떤 자연수의 다음이 될 수 없다.

　　　 즉, 모든 자연수 x에 대해 $1 \neq x^+$이다.

PA 4 : 두 자연수의 다음이 같으면, 원래의 두 수는 같다.

　　　 즉, $x^+ = y^+$이면 $x = y$이다.

PA 5 : (귀납법 공리) N의 부분집합 S($\neq \varnothing$)가 다음 두 조건

　　　 (a) $1 \in S$

　　　 (b) $x \in S \implies x^+ \in S$

　　　 를 만족하면 S = N이다.

공리가 참인지는 묻지도 말고 따지지도 않는다. 그냥 참이라고 받아들인다. 이를 토대로 다른 여러 사실(정리)들을 추론할 것이다. 자연수라는 거대한 성전이 이 공리라는 주춧돌 위에 세워질 것이다. 그 주춧돌이 어떤 크기와 색깔을 갖고 어떤 의미를 담

고 있는지 자세히 살펴보자.

〈첫 번째 공리〉

PA 1 : 이 집합 N은 단위원소 1을 포함한다. $(1 \in N)$

'1은 자연수다'라는 선언문이다. 여기서 1은 첫 번째 자연수를 뜻한다. 앞으로 모든 자연수, 즉 무한개의 자연수라는 기대한 성전을 건축하겠다는 야심 찬 프로젝트의 첫 테이프를 끊는 선언과도 같다. 수학의 공리가 무엇인지 다시 한 번 짚고 넘어가야겠다. 수학적 공리는, '참을 전제로 증명하지 않고 받아들인 명제'이다. 따라서 페아노의 공리는 증명을 하지 않고 무조건 참이라 간주할 것이다. 수학 용어 가운데는 '정의하지 않고 사용하는 용어', 즉 '무정의용어'가 있다. 그런 측면에서 볼 때, 페아노 공리의 첫 번째에 들어 있는 '1'은 무정의용어다. 따라서 '1'이 무엇이냐고 묻지도 따지지도 말라. '1'을 @나 # 같은 다른 기호로 나타내더라도 아무런 문제가 발생하지 않는다. 자연수에 대한 사람들의 인식이 고정되어 있기에, 이미 사용하고 있는 기호로서의 숫자인 '1'을 그대로 쓴 것에 불과하다. 자연수 1 자체가 추상적 기호이지만, 페아노의 공리는 그 기호마저 구체적 대상으로 보고 거기에서 벗어난 또 다른 차원의 추상화를 시도한 것이다.

〈두 번째 공리〉

PA 2 : 이 집합 N의 어떠한 원소 x에 대해서도 'x의 다음'이라고 불리는 x^+가 집합 N에 포함된다.

자연수 3을 선택하면 그 다음 수인 4도 자연수고, 107이라는 자연수를 선택하면 자동적으로 그 다음 수인 108이라는 자연수가 존재한다는 것이다. 그런데 4라는 자연수는 3에서 나왔다는 출처를 밝히기 위해 4를 3^+로 그리고 108은 107^+로 표기하겠다는 것이다.

결국 어떤 자연수이건 그 다음의 자연수가 존재한다는 것을 말하는 것이다. 이를 굳이 그런 방식으로 표기한 이유는 무엇일까? 4를 3^+로 그리고 108은 107^+로 표기한 이유는 4와 108에 주목하기보다는 그 수의 태생에 주목하겠다는 것이다. 자식보다는 그 자식의 부모를 보겠다는 것과 마찬가지이다. 다음 수가 무엇인지 알 수 있다는 자연수만의 성질을 수학적인 문장으로 표현한 것이다. 이 두 번째 공리는 자연수의 특성을 가장 잘 드러낸 것이라고 말할 수 있다. 만일 주어진 어떤 수를 @라고 표기하였다면, 이로부터 그 다음의 수를 다음과 같이 차례로 계속해서 만들어낼 수 있는 발판을 마련한 것이 두 번째 공리이다.

@, $@^+$, $(@^+)^+$, $((@^+)^+)^+$ …

우리가 알고 있는 자연수 1, 2, 3, 4 … 등은 PA 1과 PA 2를 사용해 다음과 같이 나타낼 수 있다.

$$2 = 1^+, \quad 3 = 2^+ = (1^+)^+, \quad 4 = 3^+ = (2^+)^+ = ((1^+)^+)^+ \cdots$$

이 공리는, 어떤 자연수를 선택하든 그 다음 차례의 자연수를 계속해서 한없이 만들어낼 수 있다는 장치가 설정되어 있다는 것을 말해준다. 수학적 명제의 간결성이 돋보이는 대목이 아닐 수 없다.

〈세 번째 공리〉

PA 3 : 1은 어떤 자연수의 다음이 될 수 없다.

즉, 모든 자연수 x에 대해 $1 \neq x^+$이다.

이 공리의 뜻은 매우 단순하다. 즉, 1은 결코 어떤 자연수의 그 다음 수가 아니라는 것이다. 즉, 집합 N의 가장 처음의 원소가 1이라는 점, 나머지 수들은 모두 1로부터 생성될 수 있음을 분명하게 규정하고 있다. 첫 번째 공리에서 무정의용어를 사용하여 1이라는 수를 만들었다면, 그렇게 만들어진 원소 1이 두 번째 공리에 의해 만들어지는 모든 자연수의 출발점이 된다는 것이다. 1을 출발점으로 하여 모든 자연수를 차례로 무한히 만들 수 있게 되었다. 두 번째 공리가 주어진 자연수 x를 출발점으로 했다면, 세 번째 공리는 그 출발점을 1이라고 명쾌하게 규정한 것이다.

〈네 번째 공리〉

PA 4 : 두 자연수의 다음이 같으면, 원래의 두 수는 같다.

즉, $x^+=y^+$이면 $x=y$이다.

이 공리를 충분히 이해할 수 있다면 수학식을 예민하게 다룰 수 있는 감각의 소유자라는 자부심을 가져도 좋다. 하지만 일반인들에게는 신경쇠약에 비견할 만한 수학자들의 소심성과 조바심이 돋보이는 명제이다. 그래서 수학과 무관한 일반인들의 비웃음을 사기에 딱 좋은 소재다. 하지만 수학자들은 이에 아랑곳하지 않는다. 혹시 있을지 모를 위험에 대비하는 철저한 유비무환의 준비성을 이 공리에서 엿볼 수 있기 때문이다.

예를 들어보자. 4의 다음과 @의 다음이 같다면, 볼 것도 없이 4=@라고 못 박은 것이다. 굳이 문장으로 표현하면, 어떤 두 자연수의 그 다음 수들이 같다면, 원래의 두 수는 같다는 의미다. 중복되는 수가 없다는 것, 예를 들어 5라는 자연수는 4라는 오직 하나의 자연수 바로 다음에 있는 유일한 수라는 것이다. 좀 이상하게 들릴 수 있어도, 각각의 수는 오직 하나뿐이라는 것을 보다 확실하게 규정하는 공리다.

지금까지 네 개의 공리를 구축하였다. 도대체 그 성과는 무엇일까? 다시 정리해보자. 우선 첫 번째 공리에서 1이라는 무정의용어를 사용하여 일단 집합 N이 공집합이 아님을 밝혔다. 집합 N에 적어도 하나의 원소가 존재한다는 것이다. 세 번째 공리는 이 원소를 출발점으로 하여 다른 원소들을 만들어가겠다는 의미다. 두 번째 공리는 우리가 알고 있는 모든 자연수들을 그대로 자연에 맡겨서는 안된다는 것이다. 자연수는 자연스럽게 생성된 것이 아니라, 세 번째 공리의 규칙을 작동하여 만들어간다는 사실을 보여주고 있기 때문이다. 1, 2, 3, 4 …라는 우리가 알고 있는 모든 자연수들이 이들 공리에 의해 다음과 같은 식으로 생성될 수 있다는 것이다.

1 [=1], 1^+ [=2], $(1^+)^+$ [=3], $((1^+)^+)^+$ [=4] …

반복되는 '다음 수'를 뜻하는 기호 ($^+$)를 생략하고, 2, 3, 4 … 등의 새로운 기호로 나타내면 현재 우리가 사용하는 아라비아 숫자들이다. 그렇다면 우리가 알고 있는 자연수 2, 3, 4 … 들은 더 이상 무정의용어가 아니다. 위의 공리로부터 추론하여 정의될 수 있기 때문이다.

1+1은 왜 2인가

'1+1은 왜 2인가?'

1+1=2같이 당연한 것을 왜 증명하느냐고 의문을 제기할 수도 있다. 하지만 결코 우문도 아니고, 쓸데없는 질문도 아니다. 이 질문에 답하는 과정에서 자연수만의 독특한 세계를 체험할 수 있기 때문이다. 그리고 바로 여기에 수학이라는 학문의 특성이 들어 있다.

이 문제에 대한 증명은 화이트헤드Whitehead와 러셀Russell 이 지은 수학의 고전이라 할 수 있는 《수학 원리》*Principia*

*Mathematica*에 제시되어 있다. 하지만 그 내용이 너무 어려워서 책을 완독한 사람은 화이트헤드와 러셀 두 사람밖에 없을 것이라는 농담이 널리 퍼져 있을 정도다.

이 두 사람이 1+1=2라는 당연하기 짝이 없는 사실을 굳이 증명해 보이고자 한 데에는 나름의 의도가 있었다. 획기적이고 놀라운 증명방법을 소개하거나 새로운 사실을 밝히려는 것은 아니었다. 수학이라는 학문의 논리적인 기초를 확립하려는 시도, 즉 공리 체계의 위대함을 보여주겠다는 의도였다. 적절한 공리 체계가 마련된다면, 모든 수학적 지식이 논리적으로 유도될 수 있다는 연역적 추론의 힘을 보여주려는 것이었다.

1+1=2를 증명하기 위해 두 사람은 우리가 앞에서 살펴본 자연수의 공리 체계인 '페아노 공리계'Peano Axioms를 이용하였다. 그 증명이 대단히 형식적이고 무미건조해서 일반인들이 이해하는 데는 다소 벅찰 수 있다.

증명을 진행하기 위해서는 먼저 하나의 새로운 정의가 필요하다. 덧셈, 즉 '+'라는 연산이 무엇을 말하는지 정의해야 한다. 여기서 '+'는 일반적인 덧셈기호로, 바로 앞에 도입되었던 후자를 나타내는 기호 '⁺'과는 구분해야 한다. 자, 이제 덧셈을 다음과 같이 정의하자.

> ### [자연수의 덧셈]
>
> 자연수 전체의 집합 N에 포함된 임의의 두 원소 x, y 에 대하여 이항 연산 +를 다음과 같이 정의한다.
>
> (1) $x+1=x^+$
>
> (2) $x+y^+=(x+y)^+$

첫 번째 정의에 대하여 설명한다.

어떤 수에 1을 더한다는 것은 앞의 공리 PA 2에서 언급한 다음 수를 만드는 것으로 정의한다. 예를 들어 3에 1을 더한 수는 3의 다음, 즉 4를 말한다. 1+1은 1에 1을 더하는 것이고, 결국 1의 다음 수를 찾는 것이다. 따라서 2가 된다. 이로써 덧셈의 정의 (1)과 페아노의 공리 PA 2에 의해 1+1=2가 된다는 사실이 증명되었다.

1+1=2를 증명하는 데서 그치지 말고, 다음 정의 (2)를 살펴보자. 이 정의는 덧셈이 무엇인지를 말해준다. 예를 들어, 5+3=8이 되는 것도 증명할 수 있다.

물론 이것도 위의 정의와 페아노 공리에 의해 증명할 것이다. 일상적인 자연수 덧셈에서 5+3은 5에서 출발하여 하나씩 더하는 과정을 세 번 반복한다. 하지만 지금 우리는 페아노 공리계에

갇혀 있으니, 이런 일상적인 덧셈과는 차단되어 있다는 사실을 염두에 두어야 한다. 오로지 공리에 의해 5+3이라는 덧셈을 해야 하는데, 그것이 규칙이기 때문이다.

우선 위의 정의 (2)를 활용할 것이다. 여기서 $3=2^+$라는 사실을 기억하고 적용하자.

$$5+3 = 5+2^+$$
$$= (5+2)^+$$

정의 (2)를 그대로 따른 것이다. 그런데 여기서 또한 $2=1^+$이므로, 이를 적용하면 다음 식을 얻는다.

$$(5+2)^+ = (5+1^+)^+$$

다시 정의 (2)를 활용하자. 즉 $5+1^+=(5+1)^+$을 적용하자.

$$(5+1^+)^+ = ((5+1)^+)^+$$

그런데 5+1은 5^+이고, 이는 다시 6이다. 그리고 $6^+=7$이고 $7^+=8$이다. 따라서 다음을 얻는다.

$$((5+1)^+)^+ = (6^+)^+ = 7^+ = 8$$

지금까지 정리된 식을 언어로 표현하면 다음과 같다.

5에 3을 더하는 것은 5에 '2의 다음 수'를 더한 것이고, 이는 (5+2)의 '다음 수', 즉 7의 다음 수인 8이다.

지금까지의 추론을 일반화하면 다음과 같다.

두 자연수 a와 b에 대해 두 수의 덧셈 a+b는 우선 a+(b-1)$^+$이고, 이는 결국 (a+(b-1))$^+$, 즉 (a+(b-1))의 다음 수를 찾는 것이다.

페아노의 정리를 모르는 사람들에게 '1 더하기 1은 2'라는 것을 제대로 이해시키기는 쉽지 않다. 그렇다고 '1 더하기 1은 2라고 약속하였기 때문에 1+1=2이다'라고 말하는 것은 잘못이다. 그것은 약속이 아니라 추론이며, 어디까지나 공리 체계에 따른 것이다.

생물학적 유전을 연상시키는
수학적 귀납법

페아노 공리의 마지막 다섯 번째 공리인 PA 5를 살펴볼 때가 되었다. 고등학교의 수열 단원에 나오는 소위 '수학적 귀납법'이라는 공리가 그것이다.

PA 5 : (수학적 귀납법 공리) 집합 N의 부분집합 S(≠∅)에서 다음 두 조건이 성립한다고 가정하자.

(a) $1 \in S$ (b) $x \in S \Rightarrow x^+ \in S$

이때 S = N이다.

수학적 귀납법이라는 공리가 말하고자 하는 진정한 의미는 무엇일까? 마지막 결론 부분에서 드러난다. 즉 '이때 S=N이다'가 그것이다. 결국 수학적 귀납법을 한 마디로 정리하면 '자연수의 집합이 되기 위한 조건'이라고 말할 수 있다.

그 조건에 해당하는 내용을 분석해보자. 즉, 어떤 주어진 집합이 자연수 집합으로 탈바꿈하기 위한 첫 번째 조건은 우선 그 집합이 자연수 집합의 부분집합이어야 한다는 것으로 '집합 N의 부분집합 S(≠∅)'라는 전제가 그것이다. 따라서 원소들은 모두 자연수여야 하고, 만일 그 가운데 자연수가 아닌 것이 하나라도 발견되면 수학적 귀납법은 더 이상 적용될 수가 없다.

이제부터 이 전제로부터 출발하여 다음 두 가지 조건을 만족해야 한다. 먼저 두 번째 조건 $x \in S \Rightarrow x^+ \in S$부터 살펴보자. 이것은 주어진 집합의 원소 하나를 택하면, '다음 수'가 반드시 그 집합의 원소로 존재해야 한다는 것을 말한다.

"아빠가 말한 수보다 하나 더 큰 수를 말할 수 있어"라고 다섯 살배기 아이가 말했다는 사례를 앞에서 언급하였다. 어쩌면 이 아이는 수학적 귀납법을 직관적으로 이해하고 있는 듯이 보인다. 명시된 조건들은 이를 형식적 논리로 진술한 것에 불과하다. 따라서 수학적 귀납법은 주어진 명제가 어떤 원소에 대해 참이라 가정하는 순간, 후자인 바로 그 다음 원소에 대해서도 그 명제가 참이 된다는 사실이 논리적으로 반드시 추론되어야 함을 의미한다.

버틀란트 러셀은 이 과정을 생물학적 유전에 비유하여 '유전적 형태'hereditary type라는 용어를 사용하여 재치 있게 표현한 적이 있다. 부모의 DNA가 자식에게 그대로 전해지는 것과 같다는 뜻이다. 그리고 이 '유전적 형태'라는 조건은 사실상 수학적 귀납법의 가장 핵심적인 요소이다. 단치히도《수, 과학의 언어》라는 책에서 이를 비유적으로 설명한 적이 있다. 그의 비유를 좀 더 쉽게 꾸며 보았다.

사열대의 병사들이 일렬로 늘어서 있다고 하자. 각 병사들은 명령을 하달 받으면 반드시 자신의 오른쪽 병사에게 전달하도록 하는 훈련을 받았다. 이제 병사들 앞에 한 지휘관이 등장한다. 그는 얼마 전에 발생한 사건을 병사들이 모두 알고 있는지 확인하고자 하였다. 지휘관은 모든 병사들에게 일일이 물어보며 점검해야만 할까? 아니다. 그럴 필요는 없다. 지휘관은 병사들이 체계적으로 훈련 받은 사실을 이미 잘 알고 있다. 즉, 어느 병사가 어떤 내용을 인지하고 있다면 곧바로 오른쪽에 있는 병사도 역시 그 내용을 인지하고 있다는 시스템이 그것이다. 그러므로 이 지휘관이 해야 할 일은 매우 단순하다. 지휘관은 맨 왼쪽에 있는 병사에게 다가가서 그 내용을 알고 있는지 확인하면 되는 것이다. 이것이 바로 러셀이 표현한 수학적 귀납법의 유전적 형태이다.

수학적 귀납법의 두 번째 조건이 이와 같은 유전적 형태라는 시스템에 관한 것이라면, 첫 번째 조건은 어떤 역할을 하는 것일까? 첫 번째 조건 $1 \in S$은 자연수 집합에서 가장 작은 수인 1이 주어진 집합 S의 원소임을 말한다. 위의 병사들 가운데 가장 왼쪽에 있는 병사가 어떤 사실을 인지하고 있음을 확인해주는 조건이다. 따라서 이 조건은 유전적 형태라는 조건과 함께 주어진 집합 S가 자연수 전체의 집합 N이 된다는 결론으로 안내한다. 즉 주어진 명제가 전체 자연수의 첫 번째 항인 1일 때에 성립한다는 사실을 보여주는 것으로 귀납 단계가 완성되는 것이다. 물론 유전적 시스템의 확신이 있으니까 가능하다.

1을 원소로 하는 것이 밝혀지면 유전적 시스템에 의해 그 다음 수인 2가 원소가 되고, 다시 유전적 시스템에 의해 2 다음 수인 3이 원소가 되고, 이런 식으로 무한히 반복될 수 있다. 수학적 귀납법의 두 번째 조건인 유전적 형태는 무한집합인 자연수 집합의 원소를 하나씩 차례로 헤아리는 작업이 기계적으로 무한 작동되도록 하는 장치인 셈이다. 무한집합인 자연수 집합이라는 거대한 성전은 이렇게 페아노 정리라는 주춧돌 위에 멋지게 세워진다.

무한을 헤아리는
수학적 귀납법

수학적 귀납법을 이해하기 위해 지금까지 그 내부를 샅샅이 들여다보았다. 이제부터는 이를 토대로 수학적 귀납법과 좀 거리를 두고 멀찌감치 떨어져서, 이 공리가 수학이라는 학문의 특성에 비추어 어떤 의미가 있는지 생각해보도록 하자. 지금쯤 앞의 글에서 제시된 수학 기호와 수학식 때문에 매우 당혹스러웠던 독자라면, 그 모두를 이해할 필요는 없다는 말로 다소나마 위안이 되었으면 싶다. 중요한 것은 기호와 식에 대한 기술적 설명이 아니라, 그 아이디어가 무엇인지를 탐색하는 것이기 때문이다. 이제부터는 그리 어렵지 않기 때문에 편안한 마음으로 감상해도 좋을 것 같다.

수학을 배워야 하는 이유로 자주 거론되는 것 중의 하나가, 수학은 과학을 비롯한 모든 학문의 모델로 작용한다는 주장이다. 대부분의 수학자들은 '수학은 모든 학문의 여왕'이라는 가우스가 주장했던 구절을 자주 인용한다. 하지만 그보다 훨씬 이전부터 '철학은 모든 학문의 여왕'이라거나 '신학은 모든 학문의 여왕'이라는 주장도 누군가에 의해 제기되어왔다. 그러니 유독 수학만이 그렇다고 하는 데는 많은 사람들이 선뜻 동의하기 쉽지 않을 것 같다.

그럼에도 불구하고 수학이라는 학문에 대한 다음과 같은 설명은 이의를 제기하기 어렵다. 어떤 새로운 학문이 개척되어 자신의 고유한 영역을 설정하려고 할 때, 그 학문의 모델로서 수학이라는 학문의 구조를 닮으려 한다는 사실이다. 자연과학이나 사회과학과 같이 과학이라는 단어가 들어가는 경우에는 연구 결과물을 수학적 법칙으로 공식화해야만 완성된 것으로 간주하는 경향이 강하다.

사실 수학 이외의 다른 학문 분야에서 의존하는 수학적 과정은 수 영역과 함수 영역이라는 두 가지이다. 함수는 궁극적으로 수로 환원될 수 있으므로, 결국 수 영역으로 한정된다. 그리고 이때의 수 영역이란 일반적으로 자연수의 속성으로 귀결된다. 따라서 여러 학문 분야에서 수학적 추론을 따라야만 오류가 없을 것이라는 절대적인 믿음은 결국 하나, 둘, 셋 … 이처럼 그 다음 수를 찾아가는 자연수의 구조적 특징에서 비롯되었다고도 말할 수 있다.

그런 관점에서 수학적 귀납법을 바라볼 필요가 있다. 수학적 귀납법은 모든 자연수에 예외 없이 적용되는 절대적 일반성을 보여준다. 따라서 수학적 귀납법이야말로 수학이라는 학문의 특성을 가장 잘 나타내는 수학적 공리 가운데 하나이다. 이 사실은 '모든 자연수'라는 단어에 잘 나타나 있다. '모든'이라는 수식어가 적용되는 대상물이 유한개인 경우에는 문제될 것이 별로 없다. 세계 인구가 몇 명인지, 지구상에 있는 모래알의 개수가 몇 개인지 셀 수 있을까? 물론 쉬운 일이 아니다. 엄청난 작업이 수반되어야 하겠지만, 이론적으로 불가능한 것은 아니다. 첫 번째 원소와 마지막 원소까지 모든 원소들을 빼놓지 않고 셀 수 있기 때문이다. 유한개의 원소를 정렬하면 반드시 첫 번째와 마지막이 있기 때문이다.

하지만 수학적 귀납법에 들어 있는 '모든 자연수'라는 의미는 무한대로 확장된다. 수학적 귀납법에 따르면, 첫 번째 원소인 1은 분명히 존재하지만, 마지막 원소는 어떻게 말할 수 있을지 불확실하다. 마지막 원소의 존재성을 확인하는 작업은 불가능하다.

모든 자연수를 헤아리는 작업이 끝없이 계속되어야 하기 때문이다. 그럼에도 불구하고 수학적 귀납법은 '모든 원소에 적용된다', 즉 '모든 원소를 남김없이 셀 수 있다'고 주장하는데, 도대체 그 믿음은 어디에서 비롯된 것일까? 물론 경험에 의한 것은 아니다. 경험이란 결국 우리 인간이 유한한 존재라는 사실을 드러내 보여줄 뿐이다.

무한을 대상으로 하는 경우에는 뭔가 새로운 관점을 가져야 한다는 사실을 깨닫게 된다. 수의 성질 자체에 집착하기보다는 그 성질의 타당성을 입증하는 추론의 타당성으로 시선을 돌려야만 하는 것이다. 바로 이 대목에서 우리는 한 무리의 수학자들을 만나게 된다. 러셀, 화이트헤드, 힐버트 같은 형식론자라고 하는 사람들이다. 그들은 수학에 대한 다음과 같은 근본적인 질문에 답하고자 하였다.

무엇이 수학적 증명을 구성하는가?
일반적인 추론과 수학적 추론의 본질은 무엇인가?
수학적으로 존재한다는 말은 무슨 의미인가?

이들 형식론자들에 따르면, 올바른 추론을 위해서는 먼저 모종의 참인 전제를 확립해야 하고, 그 다음 논리 법칙을 차례차례 적용하여 결론에 이르는 과정을 밟아야 한다. 이때 얻어낸 결론은 논리적 과정에서 필연적으로 도출되는 유일한 결과이다. 이 과정의 첫 번째 단계에서 설정된 전제들이 지금 우리가 다루고 있는 공리다.

하지만 이 공리들을 설정하는 문제는 결코 쉬운 작업이 아니다. 체계적인 공리를 구축하기 위해서는 예리한 분석력뿐만 아니라 뛰어난 기술 능력이 요구되기 때문이다. 공리 사이에 모순이 없어야 하고, 각각의 공리는 독립성을 가져야 한다. 또한 일련의 공리 체계는 완전성을 갖추어야 한다. 모든 의미 있는 명제들의 진위를 그 체계 안에서 판정할 수 있어야 한다는 뜻이다.

고대 그리스의 수학자 유클리드의 위대함은 이러한 조건에 맞는 공리 체계를 최초로 설정하고, 수학이라는 건물의 굳건한 주춧돌을 놓았다는 데에 있다. 그 덕택에 철학의 한 분야였던 논리학이 수학으로 흡수될 수 있었다. 앞에서 살펴본 페아노의 공리 체계도 그런 대표적인 공리의 예라고 할 수 있다.

한편, 이러한 일련의 추론 과정이 모두 연역적 추론이었다는 사실에도 주목할 필요가 있다. 정의나 공리의 형태에서 출발하여 논리법칙을 적용한 다음 새로운 명제를 이끌어내는 연역과정이야말로 수학적 추론의 특징이다. 기하학 분야에서 완벽에 가까운 연역 체계가 확립된 것도 순전히 유클리드 덕택이다.

그런 관점에서 보면, 과학 분야의 연구 방식은 수학과는 확연히 구별된다. 관찰과 실험의 결과인 특수한 사실에서 출발해 일반적인 사실로 이행하는 귀납적 추론을 특징으로 하기 때문이다. 예를 들어, 물을 여러 번 데운 결과 그 때마다 100도에서 끓기 시작하면, 물은 100도에서 끓는다는 결론을 내린다. 이처럼 귀납적 추론은 특정 대상물의 속성을 알아내기 위해 가능한 한 많은 횟수의 관찰과 검사를 시행해야 한다.

자연과학만이 아니라 사회과학에서도 귀납적 추론이 적용된다. 심리학의 한 계파인 행동주의를 뒷받침하는 파블로프의 실험 결과도 귀납적인 추론에 의한 것이다. 노벨상 수상자인 러시아 과학자 파블로프는 1900년대 초반 개의 침샘 일부를 외과적으로 적출하여 먹이를 먹을 때마다 분비되는 침의 양을 측정하는 연구를 실시하였다. 그런데 실험 대상인 개가 먹이 주는 사람의 발소리를 듣거나 빈 밥그릇만 보아도 침을 분비한다는 것을 발견하게 된다. 그의 유명한 고전적 조건형성의 개념은 바로 여기서부터 출발하였다.

반면에 엄밀성을 추구하는 수학에서는 모든 실험 과학의 기초가 되는 귀납적 추론을 철저하게 배격한다. 수학 명제를 귀납적으로 증명하려는 시도는 어떤 경우에도 수학적 증명이라는 자격을 부여받지 못한다. 오히려 조롱거리로 전락한다. 수학 지식은 오로지 논리적 오류가 없는 모순율에 근거하여 반론의 여지가 없어야 하기 때문이다. 귀납법은 수학에서 결코 허용될 수가 없는데, 하나의 예를 들어보자.

다음과 같은 식을 얻었다고 하자.

$$f(n) = n^2 - n + 41$$

그리고 이 식은 소수를 얻을 수 있는 공식이라고 주장한다. 이를 뒷받침하기 위해 이 식에 n의 값을 차례로 대입하면 다음과 같은 결과를 얻는다.

$$f(1) = 41, \ f(2) = 43, \ f(3) = 47, \ f(4) = 53 \cdots$$

독자 여러분이 검증할 필요는 없다. $n = 40$일 때까지 얻은 값들은 모두 소수이기 때문이다. 하지만 그렇다고 하여 $f(n) = n^2 - n + 41$이 소수를 얻는 공식이라고 결론을 내릴 수 있을까? 그럴 수는 없다. 왜냐하면 $f(41) = 41 \times 41$이 되어 소수가 아닌 합성수가 되기 때문이다. 귀납적 추론은 이렇듯 수학이라는 학문에서는 설 자리가 전혀 없다. 유한개의 적은 수를 근거로 귀납적 추론에 의해 확립되는 물리학이나 화학의 법칙들과는 대조적이다. 귀납적 추론에는 언제든 반론의 여지가 있기 마련이다. 그 과정에서 새로운 법칙이 만들어지고, 그것이 과학 발전의 과정이기도 하다. 수학에서는 명함조차 내밀 수 없는 귀납적 추론이 과학의 토대를 이룬다는 점에서 수학과 과학은 확실하게 구별된다.

그렇다. 수학은 연역적인 학문이다. 페아노의 공리는 자연수를 대상으로 하는 산술에 속하는 것으로, 산술 또한 수학의 한 분야이다. 귀납적 추론은 허용될 수 없다. 따라서 수학적 귀납법 mathematical induction의 귀납법이라는 용어는 별로 적절하지 못하며, 그보다는 반복적 추론reasoning recurrence이 더 정확한 용어다. 반복적 추론에서는 귀납을 위한 실험이나 관찰을 시행하지 않는다.

수학적 귀납법, 아니 반복적 추론의 두 단계를 다시 확인해 보자.

PA 5 : (수학적 귀납법 공리) 집합 N의 부분집합 S(≠∅)에서 다음 두 조건이 성립한다고 가정하자.
(a) $1 \in S$
(b) $x \in S \Rightarrow x^+ \in S$
이때 S = N이다.

귀납 단계, 즉 첫 번째 원소에 대해 어떤 명제가 참이라는 사실은 곧 이어 유전적 특성에 의해 두 번째가 참, 다시 유전적 특성에 의해 세 번째가 참, 또 다시 유전적 특성에 의해 네 번째도 참 … 이런 식으로 계속해서 유전적 특성을 반복할 수 있다. 수학적 귀납법이라고 하는 추론 형식은 첫 번째를 확인하는 귀납 단계와 유전적 특성을 확인하는 두 번째 단계가 함께 작용하여 우리의 추론을 무한히 반복할 수 있게 한다. 따라서 반복적 추론이라는 용어가 더 합당하다 할 수 있다.

자연수를 토대로 하는 산술에 적용되는 모든 법칙은 이 반복적 추론에 의해 증명된다. 그 중 하나로 덧셈의 결합법칙을 증명해보자. 우선 결합법칙이 무엇인지 다음 식을 보라.

$$(9+7)+3 = 9+(7+3)$$

좌변에서 차례로 덧셈을 한 결과는 우변에서 뒤에 있는 두 수 7+3을 먼저 계산해 10을 얻고 그 다음 9를 더한 결과와 같다는 것이다. 앞에서 결합하든 뒤에서 결합하든 순서에 관계없이 언제나 덧셈의 결과는 같다는 것이다. 지금까지 경험한 무수히 많은 덧셈에서 우리는 이 결합법칙을 거리낌 없이 그리고 아무런 의식도 하지 않은 채 적용해왔을 것이다. 그런데 이를 증명하라니, 그럴 가치가 있단 말인가? 그렇다. 그것이 수학이다. 새로운 대상을 만나면 당연시했던 법칙이 성립하지 않는 뜻밖의 상황이 나타날 수 있기 때문이다. 돌다리도 두드려보자는 것이고, 그것이 수학을 배우는 이유 중의 하나이다. 결합법칙을 증명하기 위해 이를 형식적으로 기술하면 다음과 같다.

[덧셈의 결합법칙]

자연수 집합 N 위의 덧셈 +에 관하여 다음이 성립한다.

$(x+y)+z = x+(y+z)$ ——————— 결합법칙

이 정리의 증명을 위해 자연수 집합 N 위의 덧셈 +에 관한 정의를 다시 생각해보자.

[자연수의 덧셈]

자연수 전체의 집합 N에 포함된 임의의 두 원소 x, y에 대하여 이항 연산 +를 다음과 같이 정의한다.

(1) $x+1=x^+$

(2) $x+y^+= (x+y)^+$

이제 덧셈의 결합법칙이 성립됨을 증명해보자. $x, y \in$ N이라고 할 때, 우선 $z=1$이라면 덧셈의 정의에 의하여 다음 식이 성립한다.

$$(x+y)+1 = (x+y)^+ = x+y^+ = x+(y+1)$$

따라서 덧셈의 결합법칙은 $z=1$일 때 성립한다.

이 부분에서 왜 $z=1$인 경우를 따지는지 그 이유를 생각해보라. 수학적 귀납법의 첫 번째 조건임을 확인하자. 이를 받아들였다면 다음은 유전적 형태에 해당하는 부분이다. 어떻게 기술하는지 집중하기 바란다.

$x, y, z \in N$에 대하여 등식 $(x+y)+z = x+(y+z)$가 성립한다고 하자. 이 가정과 덧셈의 정의를 사용하면 다음 식이 성립한다.

$$
\begin{aligned}
(x+y)+z^+ &= ((x+y)+z)^+ \\
&= (x+(y+z))^+ \\
&= x+(y+z)^+ = x+(y+z^+)
\end{aligned}
$$

따라서 z^+에 대해서도 덧셈의 결합법칙, 즉 등식 $(x+y)+z^+ = x+(y+z^+)$이 성립한다.

따라서 모든 원소 $x, y, z \in N$에 대하여 등식 $(x+y)+z = x+(y+z)$가 성립한다.

위의 증명과정에서 따라가기 어려운 부분이 있더라도 의기소침할 필요는 없다. 전체 흐름만 보고 넘어가도 된다.

이 증명은 대학 수학과의 기초정수론이라는 과목에 들어 있는 것으로, 일반인들이 이해하기는 쉽지 않다. 그럼에도 여기에 제시한 의도는 무엇일까?

자연수 덧셈의 결합법칙과 같이 우리가 무의식적으로 적용하는 가장 단순한 산술 법칙도 증명 없이 받아들인 공리가 아니다. 반드시 증명되어야 하는 하나의 정리이며, 이는 페아노의 공리에서 연역적으로 추론된 것이다. 그리고 이때의 수학적 귀납법, 보다 정확하게 말해 반복적 추론은 귀납이라는 단어가 들어 있음에도 불구하고, 연역적 추론의 한 방식이다. 수학이라는 학문의 특성을 조금이나마 느낄 수 있을 것이다.

19세기의 위대한 수학자 앙리 푸앵카레는 수학적 귀납법에 대하여 다음과 같은 말을 남겼다.

자연과학에서 사용되는 귀납법은 항상 불확실하다. 왜냐하면 우주에는 질서가 있다는 믿음에 근거해 있고, 그 질서는 인간 정신의 외부에 있기 때문이다. 반면에 수학적 귀납법, 즉 반복적 추론은 인간 정신 자체의 속성이기 때문에 필연적 명제로 모습을 드러낸다.

수학적 귀납법으로만 우리는 비상할 수가 있다. 이 규칙만으로도 우리는 새로운 것을 배울 수 있다. 수학적 귀납법은 물리학적 귀납법과 다르지만, 그에 못지않게 우리에게 풍요로움을 가져다준다.

푸앵카레의《수학적 추론의 본질》이라는 책에 담긴 내용이다. 그는 겉으로 드러나는 풍모에서조차 위대함을 느낄 수 있을 만큼 카리스마가 넘쳤다. 또한 수학 분야를 넘어 파격적인 사상으로 기존의 인습을 과감히 거부하였다.

자연수를 탐색하는 과정에서 페아노의 공리로 확장되고, 이어서 수학적 귀납법으로 연결되면서 연역적 추론이 핵심인 수학의 특성을 두루 살펴보았다. 여정을 이쯤에서 마무리할 수도 있지만, 앞에서 언급한 '모든 것은 일대일 대응에서 시작되었다'는 주장을 그냥 넘길 수는 없지 않은가. 마지막으로 일대일 대응이라는 짝짓기가 어떻게 무한의 세계를 탐구하는 도구가 되었는지 살펴보려고 한다.

무한의 세계를 탐구하는 도구, 짝짓기

인류가 수 개념과 숫자를 사용하게 된 것은 실제 삶에서 제기되는 문제를 해결하기 위한, 즉 필요성을 충족시키기 위한 것이었다. 아이디어를 처음 제시한 사람이 누구인지는 모른다. 그 옛날 원시시대의 어느 양떼지기일 수도, 동물을 잡아오던 사냥꾼일 수도, 이웃 부족과의 싸움을 이끌던 족장일 수도 있다. 그가 누구이든 어떤 대상의 개수를 세어 수량을 파악할 도구가 필요했다. 차츰 수 개념이 발달하고 마침내 숫자가 발명되었다. 그 첫걸음은

'일대일 대응'이라는 원리의 발견이었다. 그래서 우리는 지나친 단순화의 위험성을 무릅쓰고 수학이 '일대일 대응'에서 시작되었다고 언급한 바 있다.

'일대일 대응'을 적용한 개수 세기는 우리 삶을 둘러싼 일상적 대상을 뛰어넘어 무한히 확장되었다. 수학자라는 호칭을 가진 일군의 몽상가들이 무한의 개수를 세어보려는 엉뚱한 발상과 시도를 감행하였던 것이다.

무한은 끝이 없는 상태이다. 대상의 실체도 뚜렷하지 않고, 그 끝도 알 수 없다. 그런데 무한의 개수를 세다니! '무한의 개수'라는 용어 자체가 온당하기나 한 것일까?

어떤 대상의 개수를 센다는 것은 무엇을 말하는가? 앞에서 언급한 것을 떠올리며 간략하게 되짚어보자. 우선 세고자 하는 대상들을 모아놓는다. 그 대상들을 하나씩 알고 있는 수 단어 — 하나, 둘, 셋 … 또는 일(1), 이(2), 삼(3) … 같은 자연수 — 와 짝을 지운다. 이러한 일대일 대응을 계속 진행하여 마지막에 대상에 대응시킨 수 단어가 곧 전체 개수이다. 따라서 개수 세기는 세려고 하는 대상들을 모아놓을 수 있게끔 분명해야 하고, 마지막 원소(대상)가 무엇인지 그리고 그에 대응하는 수 단어가 무엇인지 말할 수 있어야 한다. 유한집합에 적용되는 이와 같은 수 세기가 과연 무한집합에도 적용 가능할까?

자연수의 집합을 예로 들어보자. 모든 자연수를 모아놓을 수 있을까? 다음과 같은 틀을 설정하여 모든 자연수를 여기에 가두어놓도록 하자.

{ 1, 2, 3, ⋯ 99, 100 ⋯ }

어떤 수를 자연수라고 하면 분명히 이 안에 들어 있을 것이다. 그리고 이 안에 들어 있는 수를 선택하면 그것은 분명히 자연수이다. 이제 그 개수를 세어보자. 하나, 둘, 셋 ⋯ 하지만 난감한 일이다. 언제 끝날지 도무지 알 수가 없다. 무한이니까. 무한개의 개수를 세어본다는 것 자체가 애초부터 헛된 시도 아닌가 하는 불안감이 밀려오기 시작한다. 유한의 세계에 살고 있는 우리가 지닌 무한의 세계에 대한 두려움을 고려하면 당연한 일이다. 수학자도 다르지 않았다.

고대 그리스 시대 이후 그 어느 위대한 수학자와 철학자에게도 무한과 관련된 문제는 해결하기 어려운 고통스러운 과제였다. 그리고 아무것도 해결하지 못했다.

예를 들어, 갈릴레이는 정수들의 개수가 유한하지 않고 무한하다는 사실을 알고 있었다. 정수들의 개수를 숫자로 나타낼 수 없으니 무한이라는 결론을 내렸던 것이다. 뿐만 아니라 그는 짝수들의 개수도 무한이라는 사실을 알고 있었다. 그런데 짝수 집합은 정수의 부분집합 아닌가. 무한집합 안에 또 다른 무한집합이 있다는 논리다. 무한에도 여러 종류가 있는 것일까? 그렇다면 이를 어떻게 구별할 수 있을까?

결국 갈릴레이는 무한의 양을 비교하는 것이 불가능하다고 결론 내렸고, 더 이상 이에 대하여 생각하지 않기로 하였다. '무한과 나눌 수 없음이라는 것은 본질상 우리가 이해할 수 없는 개념이다'라는 것이 그가 내린 결론이었다. 미적분학의 창시자였던 라이프니치도 다르지 않았다. 무한 문제를 고민하던 그는 정수의 개수가 몇 개인가라는 생각 자체가 자기모순이기 때문에 폐기되어야 한다고 결론 내렸다. 수학의 황제라는 가우스도 다르지 않았다. 그는 무한이라는 양에 대한 두려움을 다음과 같이 표현하였다.

"나는 무한을 하나의 수량으로 사용하는 데 이의를 제기한다. … 그것은 수학에서 받아들이기 어려운 주제이다."

수학자들마저 이처럼 무한에 대한 연구를 더 이상 진행하지 못하고 포기하거나 제외시켰다. 이러한 현상은 19세기 중반까지 지속되었으니, 더 이상 앞이 보이지 않았던 것이다.

무한의 세계에 대한 탐구는 실현 불가능한 절망적인 것처럼 보였다. 하지만 수학은 무한 개념이 없이는 더 이상 발전할 수 없는 지경에 이르렀다. 무한이라는 장애물을 뛰어넘을 수 있는 다리를 누군가는 개설해야 했다. 그러나 그 다리는 쉽게 세워지지 않았다.

상식을 뛰어넘는 번뜩이는 직관을 소유한 천재가 나타나기

게오르크 칸토르 (Georg Cantor, 1845-1918).

를 기다려야 했다. 상식을 뛰어넘기 위해서는 용기도 겸비해야 하기에 '영웅'이 필요했다는 표현이 더 적절할 것 같다. 마침내 비판적 사고로 무장한 채 무한의 문제를 성공적으로 공략한 용감한 천재가 등장했다. 19세기가 저물며 새로운 20세기가 막 시작되기 직전이었다. 칸토르라는 이름의 영웅이 《집합론》을 내놓은 것이다. 하지만 상식과 배치되는 날카롭고 독창적인 혁신은 혹독한 대가를 치르는 법이다. 칸토르의 《집합론》에 대한 세상의 평가도 다르지 않았다. 세상 사람들은 ─물론 수학자들이지만─ 그를 무시하고 조롱하는 한편 인신공격까지 아낌없이 퍼부었다. 크로네커 같은 칸토르의 친구도 가혹한 비난의 대열에 가세하였다.

"후세대들은 칸토르의《집합론》을 이제 막 치료 받기 시작하는 질병으로 간주하게 될 것이다."

19세기 후반의 가장 유명한 수학자였던 푸앵카레의 평가다. 푸앵카레의 말은 그래도 온건한 축에 속한다. 수학자들도 자신이 이해하지 못하는 것에 대해서는 비논리적이고 폐쇄적이라는 점에서 여느 보통 사람들과 크게 다를 바 없다. 자신에게 쏟아지는 비난과 공격을 온전히 혼자 힘으로 감당해야 했던 칸토르는 외톨이가 될 수밖에 없었다. 급기야 스스로도 자신의 연구 결과를 의심하는 지경에 이르렀고, 우울증에 걸려 정신병원 신세를 져야 했다. 불행하게도 그는 정신병원에서 생의 마지막을 보냈다.

상식을 뛰어넘는 칸토르의 천재적인 사고는 그가 사망하던 1918년이 되어서야 비로소 몇몇 수학자들의 인정을 받기 시작하였다. 20세기의 가장 위대한 수학자 가운데 한 사람인 힐베르트는 다음과 같이 말했다.

"칸토르가 우리를 위해 만들어놓은 천국에서 우리를 추방할 사람은 아무도 없을 것이다."

인고의 세월을 보내다 묘지에 누워 겨우 자유로운 영혼이 된 칸토르에게 한 가닥 위로의 말이 되었기를!

오늘날 그의 집합론은 매우 폭넓게 그리고 완벽하게 받아들여겨 현대수학의 기초로 확립되었다. 얼마 전까지만 해도 중등학교 교육과정에 간단한 내용의 집합 이론이 실리기까지 하였다. 학교 수학에서 다루는 내용의 거의 대부분이 고대 그리스 시대부터 르네상스 시대까지의 것이라는 점을 감안하면, 집합은 가장 최근의 것이라 할 수 있다. 하지만 너무 단순한 도구적인 기술에 그쳤기에 칸토르의 의도를 왜곡한 점이 없지 않다. 무한의 문제를 공략하여 그 세계를 탐구하는 것이 집합론의 요체이기 때문이다. 이제부터 무한의 세계로 들어가 보자.

수학에서 다루는 거의 모든 대상이 그렇듯이, 무한집합의 세계도 추상화된 실체이다. 한없이 뻗어나가는 직선이나 한 점에서 일정한 거리에 있는 점들의 집합인 원(평면에서)과 구(공간에서), 세 개의 선분으로 이루어진 삼각형…. 이 모든 것들은 현실세계에 존재하지 않는다. 우리의 관념 속에 존재하는 추상화된 개념에 불과하다. 우리가 숨 쉬고 생활하는 공간에서는 이와 유사한 구체물을 접할 수 있을 뿐이다.

수 개념이 그렇듯이 무한집합 또한 추상적 관념의 세계 속에만 존재한다. 자연수의 집합, 정수의 집합, 분수의 집합, 정수와 분수 그리고 무리수까지 모두 포함하는 실수의 집합을 무한집합의 예로 떠올릴 수 있다. 이들 집합에 들어 있는 원소의 개수를 세어 보는 것은 불가능하다. 끝이 없기 때문이다. 그렇다고 단순히 무한이라고 말하는 것도 실체를 규명하는 데 도움이 되지 못한다. 단지 유한이 아니라는 것밖에는 알려주는 것이 없기 때문이다. 무한집합은 알기 위해서는 질문을 달리 해보는 수밖에 없다. 여기에 칸토르의 독창성이 드러난다. 그는 '무한집합에 얼마나 많은 원소들이 들어 있는가?'라는 질문을 제시하고, 적극적으로 그 답을 구하고자 하였다.

그는 이 문제를 어떻게 풀어냈을까? 물론 무한집합 속의 원소의 개수를 일일이 세어보았을 리는 없다. 그것이 불가능하다는 사실을 그 자신도 알고 있었다. 무언가 다른 해결책을 강구해야만 했다. 난관에 맞닥뜨리면 처음으로 돌아가는 것이 상책이다. 원점에서 다시 시작하는 것이다. 앞에서 살펴본 원초적인 개수 세기 방식이 그 해답이었다. 전쟁에서 목숨을 잃은 병사들과 돌무더기에 남아 있는 돌들의 짝짓기를 가리킨다.

이를 수학적으로 표현하면 다음과 같다.

두 집합 A와 B가 있다. $A=\{ㄱ, ㅅ, ㅍ\}$, $B=\{a, b, c\}$ 두 집합의 원소의 개수는 각각 3개이므로 동일하다. 그런데 일대일 대응이라는 방식에 따르면, 두 집합의 원소 개수를 헤아리지 않고도 같은 개수의 원소라는 사실을 확인할 수가 있다. 다음 그림은 각 원소를 짝짓는 여러 경우를 말한다.

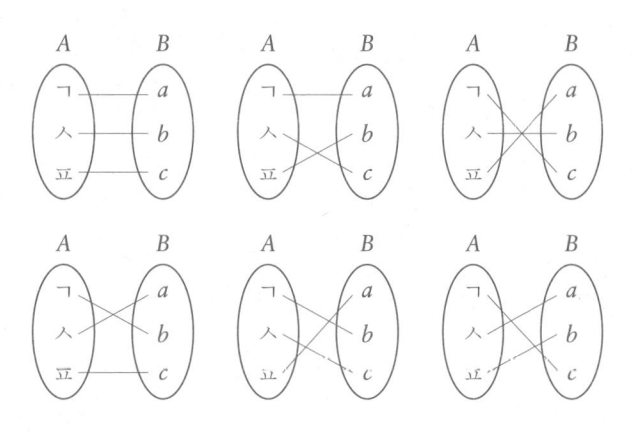

이와 같이 각 집합에 들어 있는 원소들을 하나씩 짝짓기하는 일대일 대응 방법은 모두 6가지나 된다. 어떤 경우에도 남거나 모자라는 원소가 없다. 그렇다고 일일이 세어본 것도 아니다. 그럴 필요도 없다. 그냥 짝짓기를 하면 된다. 따라서 다음과 같은 결론을 얻을 수 있다.

"두 개의 집합이 서로 일대일 대응이면, 두 집합의 원소의 개수는 서로 같다."

이 결론이 유한집합에서 그대로 적용되는 것은 분명하다.

칸토르의 위대함은 바로 일대일 대응 원리의 중요성을 인지하고 이를 끝까지 밀고 나간 용기에 있었다. 이를 무한집합에도 적용한 것이다. 자연수의 집합과 그 역수의 집합을 예로 들어보자.

자연수 집합 :   1,   2,   3,   4,   5,   6 ⋯

자연수의 역수 집합 : $\dfrac{1}{1}, \dfrac{1}{2}, \dfrac{1}{3}, \dfrac{1}{4}, \dfrac{1}{5}, \dfrac{1}{6}$ ⋯

두 집합 모두 무한집합이다. 자연수 집합에 들어 있는 원소 하나에 단 하나의 원소, 즉 그것의 역수가 대응된다. 역으로 역수의 집합에 들어 있는 원소 하나에 자연수의 집합에 있는 원소를 단 하나만 짝지을 수 있다. 이와 같이 일대일 대응이 성립함을 확인했으니, 두 집합에 들어 있는 원소의 개수는 서로 같다고 말할 수 있다. 무한집합에 들어 있는 원소의 개수를 어떻게 비교할 것인가에 대한 칸토르의 답이다. 그는 자연수라는 무한집합을 특별하게 보았고, 이를 무한집합의 개수를 탐구하는 기준으로 설정하였다. 그래서 그는 자연수의 개수는 $\aleph_0$(알레프 0)이라고 이름 지었다. 알레프는 히브리 문자의 첫 번째 글자이다. 알레프 제로가 아닌 알레프 눌null이라고 읽는 것은 칸토르가 0을 뜻하는 독일어를 사용했기 때문이다.

하지만 여기에 관해서는 다음과 같은 이의제기가 가능하다. 우선 $\aleph_0$이라는 기호 자체가 생소할 뿐만 아니라, 그것이 무엇을 말해주는지 도대체 알 수 없다고. 볼멘소리로 따지는 것도 무리는 아니다.

그렇다면 유한집합의 한 예를 분석해보자.

1, 2, 3, 4, 5, ⋯ 1,000,000,000(십억)

이 집합의 원소의 개수는 물론 십억이다. 하지만 그것도 누가 일일이 세어본 적이 있던가. 이론적으로만 가능하다. 실제로 세어본 적도 없고, 그저 십억이라는 숫자를 부여했을 뿐이다. $\aleph_0$도 마찬가지다. 이론으로 가능할 뿐, 실제로 세어볼 필요 없다. 그저 $\aleph_0$이라는 새로운 숫자를 만들어 부여하자는 것이다. 십억이라는 수가 위에 제시한 특정 집합의 원소 개수를 대표하는 기호이듯이, $\aleph_0$은 자연수 집합에 들어 있는 원소들의 개수를 대표하는 기호로 확정하자는 것이다. 다음 집합에 들어 있는 원소의 개수도 십억이다.

2, 4, 6, 8, 10, ⋯ 2,000,000,000 (이십억)

앞의 것과는 분명 다른 집합이지만, 각 원소를 일대일 대응에 의해 짝지을 수 있으므로 원소의 개수는 십억으로 동일하다. 마찬가지로 자연수의 집합과 그 역수의 집합은 서로 다른 집합이지만, 그럼에도 두 집합의 원소의 개수는 서로 일대일 대응하므로 동일하다. $\aleph_0$이라는 것이다.

사실 십억이라는 숫자보다 새로이 만든 $\aleph_0$이라는 숫자가 수학적인 면에서 훨씬 더 가치 있으며 유용하다. 왜 그럴까?

어떤 집합의 크기, 즉 그 집합에 들어 있는 원소의 개수가 5라고 하자. 대부분의 사람들은 5라는 추상적인 숫자가 무엇을 말하는지 이해한다. 다섯 개의 손가락일 수도 있고, 자동차에 탄 다섯 명의 승객일 수도 있다. 또는 바구니에 담긴 다섯 개의 사과를 떠올릴 수도 있다. 물론 이제 막 숫자나 셈을 배우기 시작한 아이가 5라는 추상적인 숫자를 보고 그런 의미와 결부 짓는 것은 무척이나 어렵지만.

$\aleph_0$이라는 기호를 처음 접할 때는 5라는 숫자를 처음 배우기 시작한 아이처럼 이해하기 쉽지 않을 것이다. 거기에 5라는 숫자와 같은 방식의 의미를 부여해보자. 즉, 5에서 다섯 개의 손가락을 연상하듯이, $\aleph_0$에서 자연수의 집합 {1, 2, 3 …}을 떠올려보는 것이다. 그리고 거기 들어 있는 원소들을 헤아리는 기호(일종의 새로운 숫자)를 $\aleph_0$이라고 의미를 부여하는 것이다.

이러한 칸토르의 무한에 대한 접근방식은 대단한 위력을 발휘한다. 갈릴레이가 두려워했던 그래서 더 이상 나아가지 못하고 포기할 수밖에 없었던 무한에 대한 장애물을 극복할 수 있기 때문이다. 갈릴레이가 해결할 수 없었던 딜레마는 다음과 같은 것이었다.

자연수의 집합과 짝수의 집합을 생각해보자.

자연수 집합 : 1, 2, 3, 4, 5, 6, … n …
짝수 집합 : 2, 4, 6, 8, 10, 12, … $2n$ …

두 집합 사이에는 일대일 대응 관계가 존재한다. 자연수 하나에 대응하는 짝수가 하나 있고, 역으로 짝수 하나에 대응하는 자연수도 오직 하나밖에 없기 때문이다. 그런데 분명한 것은 짝수의 집합이 자연수 집합의 부분집합이라는 것이다. 자연수는 짝수와 홀수 두 가지로 분류되기 때문이다. 갈릴레이는 바로 이 지점에서 당황하였고, 이를 곤혹스럽게 여기다가 결국 포기하고 말았던 것이다.

하지만 칸토르는 이 시점에서 머뭇거리지 않고 과감하게 밀어붙였다. 짝수의 집합이 자연수 집합의 부분집합인 것은 분명한 사실이다. 그리고 두 집합 사이에 일대일 대응관계가 존재하는 것도 사실이다. 물론 유한집합에서는 이 두 가지 상황이 동시에 나타날 수가 없다. 어느 하나가 다른 것의 부분이라면 일대일 대응관계가 성립하지 않고, 만일 일대일 대응 관계가 성립한다면 두 집합의 원소의 개수는 같으므로 부분이 될 수 없다.

그런데 지금 우리는 이 두 가지 상황이 공존하는 것을 목격했다. 무한집합이기 때문에 나타나는 현상이며, 따라서 바로 이것이야말로 무한의 특성을 잘 드러내는 것 아닐까? 어느 것이 다른 것의 부분이라는 사실을 부정하지 말자. 눈에 드러나는 명백한 사실이니까. 단지 일대일 대응 관계가 성립한다는 사실에만 초점을 두자. 한 집합의 원소 하나에 다른 집합의 원소를 오직 하나만 대응시킬 수 있고, 그 역도 성립한다는 사실에만 주목하자. 그리고 다음과 같이 결론을 내린다.

"두 집합의 크기, 즉 원소의 개수는 같다."

띠수의 집합은 분명히 지연수 집합의 부 분인에도 붙구하고 두 집합의 원소 개수가 같다는 것이다. 이번에는 자연수 집합과 이를 부분집합으로 하는 정수 집합 사이에도 일대일 대응 관계가 성립되는지 살펴보자.

자연수 집합 { 1, 2, 3 ⋯ }
정수 집합 { ⋯ -3, -2, -1, 0, 1, 2, 3 ⋯ }

⋯ -3, -2, -1, 0, 1, 2, 3 ⋯

⋯ 7, 5, 3, 1, 2, 4, 6 ⋯

일대일 대응 관계는 다음과 같은 식으로 나타낼 수 있다.

자연수 n이 짝수면 정수 $\frac{n}{2}$, 홀수면 $\frac{-(n-1)}{2}$ 이라는 정수를 대응시킨다.

예를 들어 자연수 4는 $\frac{4}{2}$ =2가 되고, 5는 $\frac{-(5-1)}{2}$ =-2가 된다. 이처럼 모든 자연수 하나마다 정수 하나, 역으로 정수 하나마다 자연수 하나를 각각 짝지을 수 있다.

곧바로 '부분이 전체와 같다'는 이상한 결과가 나오지 않느냐는 이의제기가 이어질 것이다. 이에 대하여 칸토르는 다음과 같이 대응했을 것이라고 짐작된다.

유한의 세계에서는 '부분이 전체와 같다'는 말은 분명 오류이다. 하지만 무한에서는 오류가 아니다. 두 무한집합의 크기가 동일하다는 것, 다시 말해 두 집합의 원소 개수가 동일하다는 것의 판단은 오직 일대일 대응 관계만을 준거로 하자. 그렇다면 논리적으로 아무런 문제가 발생하지 않는다. 자연수의 개수와 짝수, 그리고 정수의 개수가 모두 같다는 사실이 불합리하게 인식되는 것은, 우리가 그동안 유한집합의 테두리 안에서 추론하며 획득해온 습관적인 사고에서 비롯한 것일 뿐이다. 이런 사고방식은 유한집합에서는 쓸모가 있을지 몰라도, 무한집합을 이해하는 데는 그다지 신뢰할 만한 지침이 되지 못한다.

전통적으로 유한에만 적용되는 사고에 젖어 있던 당시 수학자들은 칸토르의 이러한 파격적인 제안을 도저히 이해할 수 없었다. 칸토르의 접근방식을 따르면, 무한집합은 다음과 같이 새롭게 정의될 수가 있다.

"무한집합은 자신의 부분집합과 일대일 대응 관계를 이룰 수 있는 집합이다."

무한집합을 원소의 개수가 무한인 집합이라고 말하는 것은 아무런 의미가 없는 동어반복이다. 하지만 무한집합을 위와 같이 정의하면 유한집합과 그 성질에서 분명하게 구별된다. 그러므로 자연수 집합을 무한집합이라고 말하는 것은 이전과 동일하지만, 이제부터는 그 이유를 다른 것, 즉 '자신의 부분집합인 짝수의 집합과 일대일 대응 관계를 이룰 수 있다'는 사실에서 찾을 것이다. 이와 같은 파격적인 칸토르의 접근을 다른 예에서 찾아보자. 하나의 선분 AB 위에 놓여 있는 점의 개수는 무한개이다.

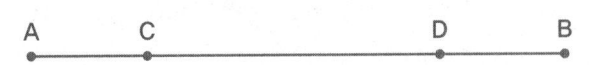

그렇다면 선분 AB의 부분집합인 선분 CD 위에 놓여 있는 점들과 일대일 대응 관계가 성립해야만 한다. 어떻게 성립하는가? 다음 그림에서 확인할 수가 있다.

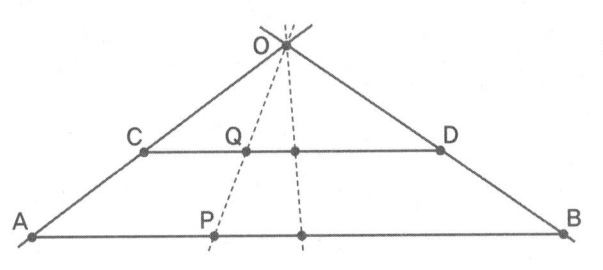

이제 선분 AB 위의 임의의 한 점 P를 정한다. 점 O와 점 P를 연결하는 선이 선분 CD와 만나는 점이 Q이다. 즉 점 P에 대하여 점 Q가 대응된다. 역으로 같은 방식에 의해 선분 CD 위의 한 점에 대하여 대응되는 한 점을 선분 AB 위에서 찾을 수 있다. 따라서 두 개의 선분 AB와 CD 위에 놓여 있는 점들은 일대일 대응 관계가 성립한다. 따라서 두 선분 위에 놓여 있는 점들의 개수는 같다는 결론을 얻을 수 있다.

이러한 결론도 무한에 대하여 얻어낸 결론과 마찬가지로 우리의 직관과는 위배되는 것처럼 보인다. 그러나 두 선분 가운데 길이가 더 긴 선분 위에 더 많은 점들이 있을 것이라고 확신하는 근거는 무엇인가? 점과 직선에 관한 어떤 것이 그런 생각을 입증해주는가? 이런 질문에 명쾌하게 답변하지 못할 것이다. 우리가 보는 것과 알고 있는 것은 직관에 따른 것이었고, 이 모든 것은 그동안 유한의 세계에 적용된 원리를 습관적으로 따랐기 때문이다.

그렇지만 다시 한 번 생각해보자. 유클리드 기하학에서는 어떤 선분도 무한개의 점을 갖는 것으로 간주한다. 그리고 아무리 작은 선분이라도 둘로 나눌 수 있다. 나누어진 선분은 다시 둘로 나눌 수 있고, 그 같은 과정은 무한히 반복될 수 있다. 그럼에도 불구하고 그 선분 위에 몇 개의 점이 놓여 있는가에 대해서는 아무 것도 말해주는 것이 없다. 하지만 칸토르의 이론을 적용하면 다음과 같은 결론을 얻는다.

'어떤 두 선분도 길이에 관계없이 동일한 개수의 점을 갖는다.'

여기서 말하는 '동일한 개수'가 무엇이냐는 질문이 이어질 수 있다. 아쉽지만 우리의 논의는 이쯤에서 마무리해야 할 것 같다. 무한의 세계에 대한 탐구는 다른 책에서 더 깊이 이어가도록 하자. 이 책의 주제가 픽싯기, 즉 일대일 대응 이기 때문이다.

얼핏 단순해 보이는 일대일 대응의 원리는 20세기 수학의 전환점을 불러왔다. 하지만 이 위대한 발상의 주인공 칸토르에게 주어진 대가는 삶의 마지막을 정신병원에서 보내야 하는 혹독한 시련이었다.